Heinz-Jürgen Schiffer

Löten und Schweißen leicht gemacht

Dieser Band erscheint in der Reihe **Fachwissen für Heimwerker**

Helmut von Ameln — **Heizungs-Installationen**; **Sanitär-Installationen**

Karl-Heinz Böse — **Warmwasser bereiten und Heizen mit Sonnenenergie**

Helga Brocke-Peiner — **Polstern und Aufmöbeln leicht gemacht**

Dietrich Engelhard — **Einsatz der Bohrmaschine und anderer Motorgeräte**; **Holzoberflächen behandeln leicht gemacht**

Gerhard O. W. Fischer — **Autoelektronik leicht gemacht**; **Modelleisenbahn- und Autobahnanlagen selbst gebaut**; **Modelle fernsteuern leicht gemacht**; **Diorama selbst gebaut**; **Photoelektronik leicht gemacht**; **Heimelektronik leicht gemacht**; **Modellbauelektronik leicht gemacht**

Bernhard Gnauck — **Kunststoffe verarbeiten (3 Bände)**
- **Gießharze und Schaumstoffe**
- **Kleben und Schweißen**
- **Spanen und Thermoformen**

Hans H. Göres — **Mauern leicht gemacht**; **Eigenleistung am Haus**; **Baupraxis für jedermann**; **Reparaturen am Haus**; **Zimmern leicht gemacht**; **Altbau-Modernisierung**; **Befestigungstechnik für jedermann**

Heinz Graesch — **Spielzeug aus Holz leicht gebaut**; **Selbstgebaut aus edlen Hölzern**; **Bilderrahmen leicht gemacht**

Hans Dieter Heck — **Aquarien und Terrarien im Selbstbau**

Otto Hildebrandt — **Kindermöbel bauen leicht gemacht**

Rudolf Horstmann — **Malern leicht gemacht**; **Decken, Wände und Fußböden gestalten leicht gemacht**; **Autolackieren leicht gemacht**

Gert Lindner — **Aus Kunststoffplatten leicht gemacht**; **Holzschnitzen leicht gemacht**; **Holzbemalen leicht gemacht**; **Töpfern leicht gemacht**

Heinz-Peter Mielke — **Kachelöfen selbst gebaut**

Peter Modlich — **CB-Funk leicht gemacht**

Peter H. und Huby Nengelken — **Trimmgeräte im Selbstbau**

Peter H. Nengelken — **Intarsien schneiden und furnieren**

Dieter Nicolay — **Elektronische Alarmanlagen**

Friedrich Pawelczak — **Ausbau von Dachgeschoß, Keller und Einraumwohnung**

Werner Prieser — **Holzverbindungen und -konstruktionen im Innenausbau**

Hans Richards — **Schlossern leicht gemacht**; **Bauen und Reparieren mit Metall**; **Fahrrad reparieren leicht gemacht** Rennrad · Sportrad · Tourenrad; **Elektroinstallationen leicht gemacht**

Heinrich Riedl — **Kraftfahrzeuge (3 Bände)**
- **Störfälle – Fehlerbehebung**
- **Motoren – Elektrotechnik**
- **Wartung – Pflege**

Heinz-J. Schiffer — **Bad, Dusche, Swimming-pool im Selbstbau**; **Sauna im Selbstbau**; **Haustechnik und häusliche Reparaturen**; **Offene Kamine selbst gebaut**; **Gewächshäuser im Selbstbau**; **Kaminöfen aufstellen leicht gemacht**

Lothar Schüssler — **Elektronische Spiele leicht gemacht**

Hermann Stockhaus — **Wohnmobil selbst ausgebaut**; **Einsatz der Holzbearbeitungsmaschinen**

Gregor Vorsmann — **Lichtorgel und elf andere Bauanleitungen**

Albert Wartenweiler — **Drechseln**; **Webrahmen, Webstuhl und Spinnrad selbst gebaut**

G. B. Weber — **Tischlern leicht gemacht**; **Moderne Möbel leicht gebaut**

Helmut Weik — **Leistungsfähige Sonnenkollektoren im Selbstbau**; **Mit der Wärmepumpe heizen**

Eduard Wiegand — **Keramische Fliesen selbst verlegt**; **Fassaden verkleiden leicht gemacht**; **Glasarbeiten leicht gemacht**; **Gipskartonplatten verarbeiten**

Weitere Bände in Vorbereitung

Heinz-Jürgen Schiffer

Löten und Schweißen leicht gemacht

Verlagsgesellschaft Rudolf Müller · Köln-Braunsfeld

CIP-Kurztitelaufnahme der Deutschen Bibliothek

Schiffer, Heinz-Jürgen
Löten und Schweißen leicht gemacht
Heinz-Jürgen Schiffer
27.–32. Tausend
Köln-Braunsfeld: R. Müller 1983
(Fachwissen für Heimwerker)

ISBN 3-481-24111-9

1.– 8. Tausend 1977
9.–13. Tausend 1978
14.–20. Tausend 1980
21.–26. Tausend 1983
27.–32. Tausend 1983

ISBN 3-481-24111-9

Verlagsredaktion: Ingeborg Roggenbuck
Umschlaggestaltung: Hanswalter Herrbold, Opladen
Druck: A. Hellendoorn, Bad Bentheim
Printed in Germany

Vorwort

Auf dem umfangreichen Gebiet der Metallverarbeitung und speziell in dem Teil, der dem Heimwerker zugänglich ist, nimmt das Löten und Schweißen einen besonderen Platz ein. Zwei Dinge sind es nämlich, die bisher verhinderten, daß diese Verbindungstechniken nicht in jeder Heimwerkstatt und erst recht nicht in den Haushaltungen Einzug gehalten haben. Da ist zunächst die Angst vor der Materie, die sich so vielgestaltig dartut und – Hand aufs Herz – mit den vielen Flammen und Funken oft so gefährlich aussieht. Auch ist das Angebot an Geräten und Zubehör so unterschiedlich und für den Laien wenig überschaubar, daß der Interessent sich schon vor dem Kauf gut informieren und eine gewisse Fachkenntnis aneignen muß, um richtig wählen zu können.
Dabei sollte sich das Fachwissen nicht nur auf Geräte und Zubehör beschränken, denn auch Lote, Flußmittel, Schweißdrähte und Elektroden müssen auf die zu erledigenden Arbeiten abgestimmt werden. Hier scheint die Sache schon wieder verwirrend und undurchsichtig. Aus Erfahrung weiß ich jedoch, wie peinlich es ist, wenn man sich wie der oft zitierte Ochse vorkommt, der vor dem Berge steht.
So habe ich versucht, möglichst praxisbezogen und anhand von Bildern, Zeichnungen und Tabellen eine Löt- und Schweißanleitung anzubieten, die jedem genau das vermitteln möchte, was er für den Umgang mit diesen Verbindungstechniken sucht. Ohne einen Schuß Theorie war dieses Vorhaben jedoch nicht realisierbar, was möglicherweise gerade Anfänger vor den Kopf stößt.
Nach Kenntnis von Theorie und Praxis wird sich jedoch erweisen, daß den meisten übertriebene Angst vor dem Löten und Schweißen genommen werden kann und das Gespür für durch Leichtsinn, verhängnisvolle Mutproben oder Fehlverhalten aufkommende Gefahren mit Sicherheit zunimmt.

In der Folge des Buches wird ein allgemeiner Überblick über alle Arten des Lötens und Schweißens zu geben sein. Dabei werden die hauptsächlich im Heimwerkerbereich anwendbaren Geräte und Verfahren bis ins Detail beschrieben.
Ich wünsche Ihnen, lieber Leser, daß auch Ihre Werkstatt durch den Einsatz von Löten und Schweißen an Vielseitigkeit gewinnt und Ihnen Ihr Hobby (oder Beruf) künftig noch mehr Freude machen wird.

Frankfurt, im Dezember 1976

Heinz-Jürgen Schiffer

Inhalt

Löten und Schweißen als moderne Verbindungstechniken

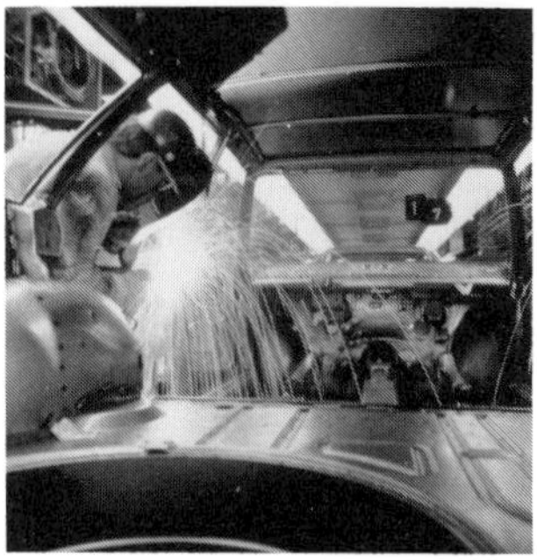

1 Schweißen im Automobilbau.

Jedermann, der sich mit der Verarbeitung des Werkstoffs Metall auseinanderzusetzen hat, kommt eines Tages an den Punkt, an dem er ohne eine Löt- oder Schweißverbindung nicht mehr auskommt. Derartige Verbindungen sind in der Regel – natürlich nur unter Zuhilfenahme der entsprechenden Geräte – einfach, schnell und preiswert herstellbar.
Der fertigungstechnisch hohe Stand der Industrie und des Handwerks ist ohne das Vorhandensein von Löt- und Schweißverbindungen nicht denkbar. Täglich werden unzählige solcher Verbindungen der verschiedensten Verfahren hergestellt. Man braucht nur an die Automobilindustrie zu denken, an deren Fertigungsbändern ununterbrochen geschweißt wird. Auch das Innenleben von Radio- und Fernsehapparaten besteht in der Hauptsache aus Lötverbindungen. Besonders heute kommt es in der Fertigung zumeist auf Minuten oder Sekunden an. Und so ist zu verstehen, daß für diese Zwecke entsprechende Löt- und Schweißmaschinen entwickelt wurden. Für den Heimwerker sind derartige Verfahren im Normalfall nicht geeignet, obwohl das grundlegende Prinzip sich natürlich nicht ändert. Am Anfang der Löt- und Schweißtechnik standen nicht die Maschinen, sondern der arbeitende Mensch und sein Handwerkszeug im Vordergrund.

Das Beispiel Automobil zeigt auch, daß andere Fügeverfahren neben dem Löten und Schweißen durchaus eine Existenzberechtigung haben. Denn ohne Schrauben, Nieten, Bördel und dergleichen wäre keine vernünftige, brauchbare und wartungsfreundliche Maschine herzustellen.
Ich versuche, Ihnen mit verhältnismäßig wenig Worten ein Gefühl dafür zu geben, daß Löt- und Schweißverbindungen ein Teil unseres modernen Lebens sind. Bewußt oder unbewußt kommen wir mit diesen Fügeverfahren dauernd in Berührung.

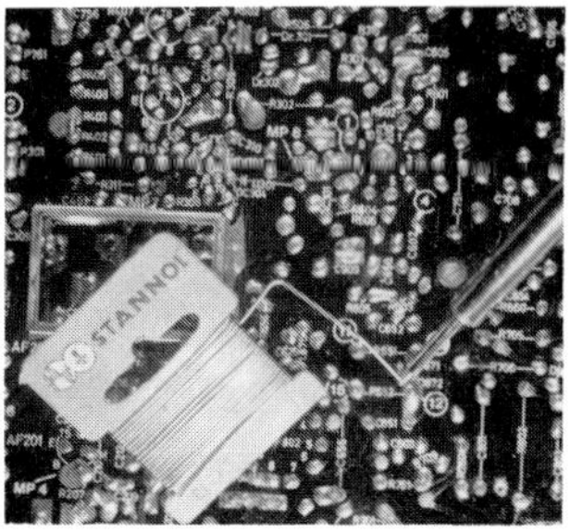

2 Lötstellen in einer gedruckten Schaltung.

3 Der Schaufelarm des Baggers besteht aus einem geschweißten Hohlprofil.

Rein theoretisch ist es bei einigen Grenzfällen auf den ersten Blick nicht erkennbar, ob eine Verbindung noch zu den Lötungen oder schon zum Schweißen zählt. Die einschlägigen Begriffsbestimmungen für das Löten sind in der DIN 8505 und die für das Schweißen in der DIN 1910 festgelegt. Als ausreichendes Unterscheidungsmerkmal kann folgendes gelten:

1 Es liegt eine Lötung vor, wenn der Schmelzpunkt des Lotes unter dem der zu verbindenden Werkstücke liegt.
2 Eine Schweißung liegt dann vor, wenn der Schmelzpunkt des Zusatzwerkstoffes mit dem des zu verbindenden Werkstückes in etwa gleich ist.

Normung

Zum fachlichen Inhalt des Buches gehört wohl eine kleine Information über die Normung in bezug auf das Löten und Schweißen.
Es ist allgemein bekannt, daß der Deutsche Normenausschuß (DNA) die mit dem DIN-Zeichen versehenen Normen erarbeitet und herausgibt. Grundsätzlich ist dazu zu sagen, daß diese Normen in der Regel keine Vorschrif-

ten sind. Vorschriften kann nur der Gesetzgeber erlassen. Der Staat arbeitet aber in die Gesetze oft Normen ein oder macht sie in Genehmigungen, Satzungen und ähnlichem zu deren Bestandteil. Dadurch erhalten sie Gesetzeskraft. Ähnlich ist es mit den VDE-Richtlinien (VDE = Verband Deutscher Elektrotechniker).
Eine ganz Reihe Normen befaßt sich mit dem Löten oder Schweißen.
Wer Interesse hat und weiter in die Theorie einsteigen will, kann ein Lieferverzeichnis bzw. die Normen beim Beuth-Vertrieb GmbH, 1000 Berlin, beziehen.

Einheiten im Meßwesen

Im Anschluß an die Normung soll kurz auf die ab 1978 geltenden neuen Bezeichnungen im Meßwesen eingegangen werden. Das »Gesetz über Einheiten im Meßwesen« vom 2. Juli 1969 mit der Ausführungsverordnung vom 26. Juni 1970 bestimmt, daß ab 1. Januar 1978 eben nur noch die internationalen, für uns teilweise neuen Bezeichnungen benutzt werden dürfen.
Das Gefühl für die neuen Benennungen wird sich im Laufe der Zeit erst einstellen. Am leichtesten gewöhnt man sich daran, wenn man sich gelegentlich ein wenig mit ihnen beschäftigt.

Tabelle 1: Die Grundeinheiten des SI

Grundgröße	Grundeinheit	Kurzzeichen
Länge	das Meter	m
Masse	das Kilogramm	kg
Zeit	die Sekunde	s
Temperatur	das Kelvin	K
elektr. Stromstärke	das Ampere	A
Lichtstärke	die Candela	cd
Stoffmenge	das Mol	mol

Tabelle 2: Vorsätze zu den Grundeinheiten als dezimale Vervielfachung oder Teilung

Vorsatz	Zeichen	Bedeutung
Tera	T	10^{12} das Billionenfache
Giga	G	10^{9} das Milliardenfache
Mega	M	10^{6} das Millionenfache
Kilo	k	10^{3} das Tausendfache
Hekto	h	10^{2} das Hundertfache
Deka	da	10^{1} das Zehnfache
Dezi	d	10^{-1} das Zehntel
Zenti	c	10^{-2} das Hundertstel
Milli	m	10^{-3} das Tausendstel
Mikro	μ	10^{-6} das Millionstel
Nano	n	10^{-9} das Milliardstel
Piko	p	10^{-12} das Billionstel
Femto	f	10^{-15} das Billiardstel
Atto	a	10^{-18} das Trillionstel

Beispiel:

Eine Temperatur von 25° C (Grad Celsius) ist für die weitaus meisten Deutschen mit einer bestimmten Vorstellung verbunden. Wer stellt sich aber auf Anhieb unter der Temperatur von 298 K (Kelvin) etwas vor? Sie sagt jedoch gegenüber 25° C genau das gleiche aus.

Die in den Tabellen 1 bis 5 angegebenen Größen in alter und neuer Bezeichnung beziehen sich nicht nur auf den fachlichen Inhalt dieses Buches, sie sind vielmehr von allgemeiner Gültigkeit.
Es ist noch anzumerken, daß das genannte Gesetz mit den angegebenen Daten nur für die Bundesrepublik Deutschland gilt.
Neuerungen stoßen im allgemeinen zunächst auf Unverständnis und erzeugen Unmut. Im Zuge der internationalen Zusammenarbeit bleibt aber wohl keine andere

Wahl, als Maß- und andere Bezeichnungssysteme gegenseitig abzustimmen und auf einen gemeinsamen Nenner zu bringen. Am Beispiel Bundesrepublik Deutschland wird dies besonders deutlich. Täglich verlassen zahlreiche Maschinen und andere Industriegüter die Werkhallen für den ausländischen Markt. Technische Anleitungen, Betriebsvorschriften, Montage- und Ersatzteilelisten können mittels diesen international verständlichen Bezeichnungssystemen dem Käufer direkt vermittelt werden. Um dem Gesetz Nachdruck zu verleihen, hat der Gesetzgeber gleichzeitig eine Bußgeldvorschrift erlassen, somit droht dem Nichtanwender des Gesetzes Strafe. Es ist also ernst gemeint: das Gesetz über die »Einheiten im Meßwesen«. So sollten sich alle Beteiligten bemühen, die Einheiten anzuwenden und zu verbreiten.

Tabelle 3: Eine kleine Auswahl abgeleiteter SI-Einheiten mit Umrechnungen

Größe	Internationale Einheit		Umrechnung
Fläche	m^2	Quadratmeter	
Volumen	m^3	Kubikmeter	$\frac{1}{1000}\,m^3 = 1\,dm^3$
Kraft	N	Newton	$1\,N = 1\,kg\,m/s^2$
Druck, mechan.	Pa	Pascal	$1\,Pa = 1\,N/m^2$
Spannung	bar	Bar	1 bar = 0,1 MPa
Energie Arbeit Wärmemenge	J	Joule	1 J = 1 Ws
Leistung Energiestrom Wärmestrom	W	Watt	1 W = 1 J/s
Geschwindigkeit	m/s	Meter je Sekunde	

Joule = (gesprochen dschul)

Newton = (gesprochen njuten)

Die Basis- oder Grundeinheiten sind in dem »internationalen Einheitssystem« eingeordnet, das unter der Kurzbezeichnung »SI« (System International d'Unites) allgemein bekannt ist. Aus den Basiseinheiten ergeben sich unter Verwendung von Ableitungen und dezimalen Vervielfachungen alle zum technischen Verständnis erforderlichen Meßgrößen.

Tabelle 4: Beziehung der Temperaturen in °C (Grad Celsius) und K (Kelvin)

1 Teilung K =	1 Teilung °C
Absoluter Nullpunkt	O (null) K = −273°C
Gefrierpunkt des Wassers	273 K = 0°C
Siedepunkt des Wassers	373 K = 100°C
Temperatur in K =	Temperatur in °C + 273

Tabelle 5: Alte Größen in Beziehung zu den gesetzlichen Einheiten

(Die Werte sind teilweise ab- bzw. aufgerundet)

1 at	(Atmosphäre)	=	1	bar
1 kp	(Kilopond)	=	10	N
1 kp/cm²		=	1	bar
1 kcal	(Kilocalorie)	=	4,2	kJ
1 kcal/h		=	1,16	W
1 PS		=	736	W

Das Löten

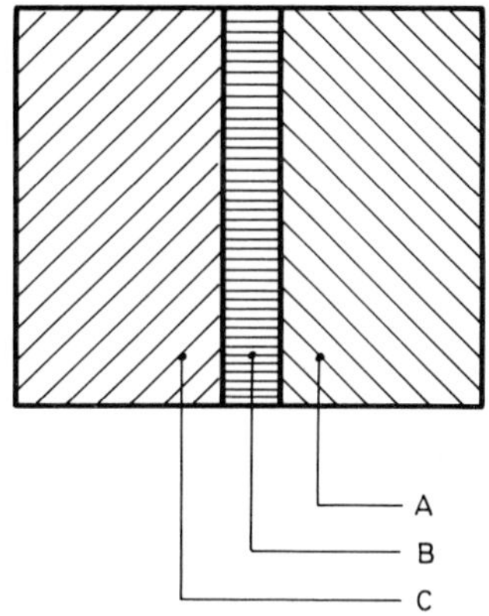

4 Das Lötwerkstück kann aus drei verschiedenen Werkstoffen bestehen: A = Werkstoff 1, B = Werkstoff 2 = Lot, C = Werkstoff 3.

Das Löten hält der bisher Ungeübte zunächst für etwas Schwieriges, vom Laien kaum Ausführbares. Bei Beachtung einiger wichtiger Voraussetzungen, richtiger Handhabung der Geräte und nach einigen Probelötungen ist es jedoch verhältnismäßig einfach und eben auch als Verbindungstechnik in der Heimwerkstatt oft anwendbar. Die Lötverbindung gilt als unlösbar, weil die Naht oder das Werkstück zum Lösen zerstört werden muß. Durch Löten werden zwei oder mehrere Werkstückteile durch ein anderes Metall, meist ein Metallgemisch, fest verbunden. Man spricht auch von einer stoffschlüssigen Verbindung. Stoffschlüssig heißt, daß die Verbindungsstelle zwischen den zu verbindenden Werkstückteilen mit einem Zusatzstoff ausgefüllt ist. Auch beim Kleben von Papier wird eine stoffschlüssige Verbindung hergestellt. Zum Vergleich: Eine Verbindung mittels Schrauben ist kraftschlüssig.

Die durch Löten zu verbindenden Teile müssen nicht aus einem Metalltyp bestehen, ja, in bezug auf das Metall noch nicht einmal artverwandt sein. Auch darin liegt ein Vorteil, den der Heimwerker voll ausnutzen kann. Es ist ohne Schwierigkeiten möglich, ein Messingteil an eine Stahlkonstruktion anzulöten, auch Edelmetalle sind leicht zu verbinden. Der Zusatzwerkstoff Lot ist hier in der Regel sogar der dritte Metalltyp im Bunde. Dies, da die Arbeitstemperatur beim Löten so gewählt werden muß, daß sie unter der der zu verbindenden Teile liegt und über der des Lotes. So ist eben nur ein drittes Metall verwendbar. Das Charakteristische am Löten ist ja, daß die Oberfläche des zu lötenden Werkstücks nicht aufgeschmolzen wird, sondern lediglich auf die jeweils erforderliche Arbeitstemperatur zu bringen ist. Das Lot jedoch muß flüssig sein. Die Verwendung artverwandter oder gleicher Metalle als Werkstück und Lot ist im Regelfall nicht möglich. (Siehe dazu auch Kapitel »Das Schweißen«.)

Lötfehler resultieren zumeist aus zu niedrigen Arbeitstemperaturen. Das Lot kann am Werkstück nur dann richtig binden, wenn die Arbeitstemperatur eingehalten wird. Wie oft kommt es vor, daß sich Kugeln oder kleine Platten aus Lot am Werkstück bilden und nach dem Erkalten mühelos entfernt werden können.
Die erforderliche Arbeitstemperatur liegt immer oberhalb des unteren Schmelzpunktes des Lotes. Das Lot breitet sich auf dem Werkstück nur aus, wenn die Arbeitstemperatur erreicht ist. Die Größe (Masse) des Werkstücks und die zur Verfügung stehende Wärmequelle bestimmen die Zeit, in der sich die Arbeitstemperatur einstellt. Dem Leser sei an dieser Stelle gesagt: »Diese etwas theoretischen Erläuterungen sind nötig, um ein Verhältnis zu dem zu bekommen, was beim Löten vor sich geht. In der Praxis hat man durch Probieren schnell heraus, welches Lot wann am besten verläuft«.
Es sollte noch erwähnt werden, daß auch eine Überschreitung der Arbeitstemperatur schlechte Lötergeb-

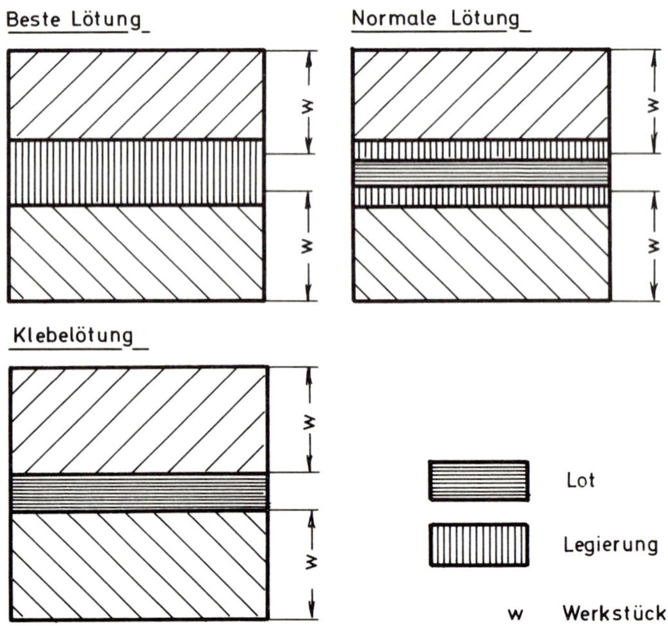

5 Schematische Lötnahtdarstellung.

nisse hervorzubringen vermag. Das Lot kann durch Verdampfen von Legierungsbestandteilen verfälscht werden, oder das Flußmittel verliert bestimmte Eigenschaften. Letzteres kann zur Oxydbildung führen.
Löten ist kein Kleben, was oft vermutet wird, sondern, vereinfacht dargestellt, ein Legieren des Verbindungsmetalls mit der obersten Schicht der zu verbindenden Teile. Jedem wird sicher mal eine Klebelötung unterlaufen, die dann bei Belastung bricht. Auch die Industrie ist davor nicht sicher, denn sogenannte kalte Lötstellen kommen auch in Fernsehapparaten oder Radios vor.
Selbst die Menge des aufgetragenen oder eingeflossenen Lotes hat auf die Qualität der Verbindung großen Einfluß. Es ist nicht so, daß viel Lot viel Haltbarkeit bringt. Dünnste Lötnähte, etwa 0,1 bis 0,2 mm, haben die größte Zähigkeit. Bei diesen Nähten ist eben die Legierung der Werkstoffe mit dem Lot vollkommen. In der Praxis werden sich vollkommene Lötungen äußerst selten einstellen.

Lötverfahren

Je nach Werkstück und Anforderungen an das Werkstück wird das Weichlötverfahren oder das Hartlötverfahren gewählt. In den Begriff »Anforderungen« ist auch das Aussehen mit einzubeziehen. Besonders bei Arbeiten an Schmuckstücken oder Kunstgegenständen ist der optische Eindruck entscheidend, da große Kräfte ja nicht übertragen werden müssen. So ist das Hartlöten zumeist dort anzuwenden, wo mechanische Beanspruchungen auftreten und das Weichlöten dort, wo es auf Haltbarkeit und Dichtigkeit ankommt. Direkt hängt das Lötverfahren jedoch vom Lot und der damit verbundenen Arbeitstemperatur ab. Die Grenze liegt bei 450° C (720 K); Weichlöten bis 450° C, Hartlöten über 450° C Arbeitstemperatur.
Einwandfreie Lötungen, egal in welchem Verfahren, können nur mit entsprechenden Geräten (Wärmequellen) ausgeführt werden. So muß mit der Wahl des Verfahrens auch das entsprechende Werkzeug zur Verfügung stehen.

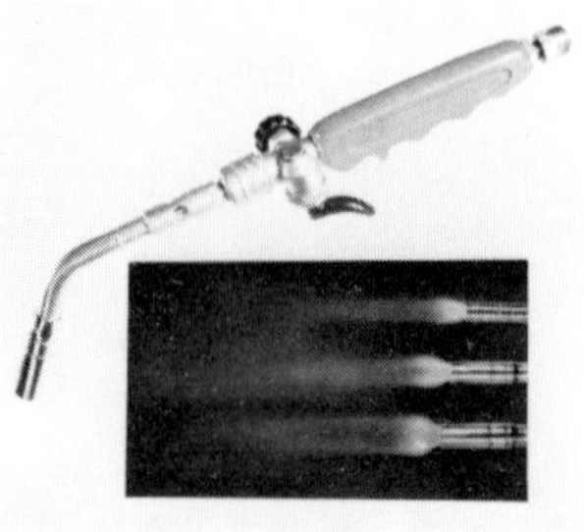

6 *Lötgerät mit offener Flamme.*

Das Weichlöten

Wie bereits festgestellt, spielen sich Weichlötungen im Arbeitstemperaturbereich von unter 450° C ab. Somit können nur Lote Verwendung finden, deren unterer Schmelzpunkt unter 720 K (450° C) liegt. Das Weichlöten scheint dem Heimwerker auf den Leib geschnitten zu sein. Von den in diesem Buch zu beschreibenden Fügeverfahren ist das Weichlöten in wenigen Versuchen zu erlernen.
Es ist zwar verständlich, daß zum Herstellen eines Daches aus Zinkblechen eine gewisse Geschicklichkeit und Erfahrung gehört. Aber einfache Arbeiten sind ohne Vorkenntnisse schnell und leicht ausführbar.

Weichlötgeräte

Innerhalb des Weichlötens sind grundsätzlich zwei unterschiedliche Verfahren in bezug auf das Lötgerät üblich. Verfahren, die beide weit verbreitet sind und jeweils für bestimmte Lötungen Anwendung finden beziehungsweise erforderlich sind.
Bei einem wird die offene Flamme benutzt, um das Werkstück zu erwärmen und das Lot abzuschmelzen, zum anderen Verfahren werden vorher oder während des Lötvorgangs erwärmte Lötkolben herangezogen.
Auf keine der erwähnten Gerätegrundtypen kann im Gesamtbereich des Weichlötens verzichtet werden.

Geräte mit offener Flamme

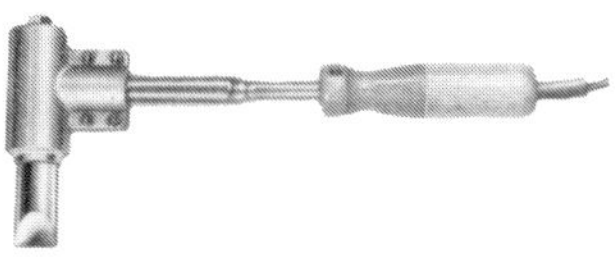

7 *Elektrisch beheizter Lötkolben.*

In Werkstätten und auch vielen Haushaltungen steht eine Lötlampe herum, mit der kaum jemand etwas anzufangen weiß. Sie wird gewöhnlich zu Arbeiten herangezogen, die zum »Löt« im Namen Lötlampe keinerlei Beziehung haben. Eingefrorene Leitungen werden aufgetaut,

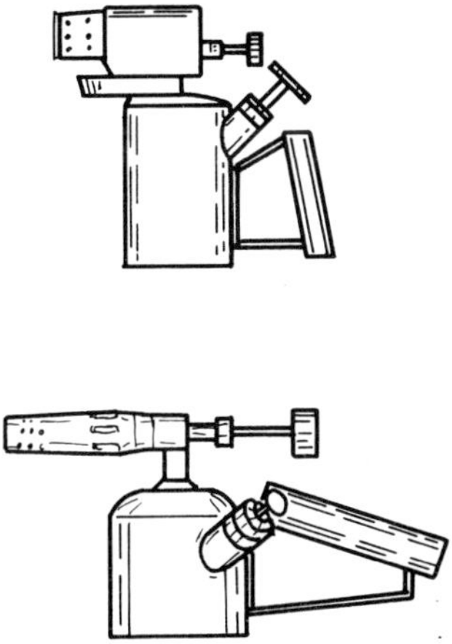

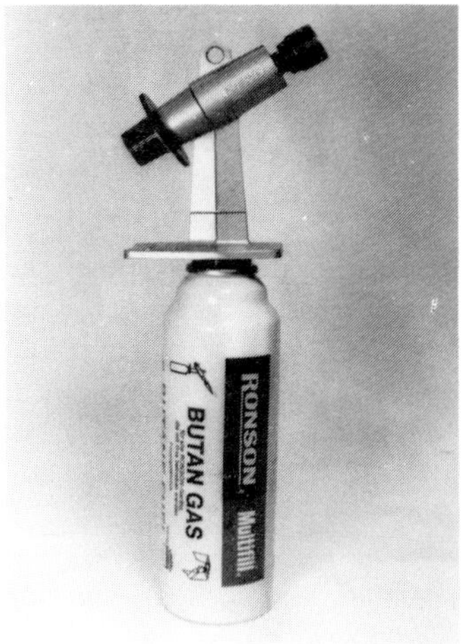

8 Lötlampen mit Benzin- oder Petroleumbetrieb (links).

9 Butangaslöter mit Wegwerfgaskartuschen (rechts).

Feuer gezündet, alte Farbe mit der Flamme entfernt, um nur ein paar Beispiele zu nennen. Aber man kann mit ihr auch löten, so beispielsweise die schon fast vergessenen Bleiabflußrohre an Waschbecken und Badewannen oder die Kupferrohre der heutigen modernen Wasserleitung. In den letzten Jahren ist die Lötlampe als kleine handliche, gasbetriebene Ausführung wieder aufgetaucht. Das herkömmliche Gerät benötigt als Brennstoff Benzin oder Petroleum, das in einen angebauten Behälter einzufüllen ist. Die moderne Form wird einfach durch Aufstecken eines Brenners auf eine Gasflasche oder Gaspatrone betriebsbereit gemacht. Als Gas findet meist Butan Ver-

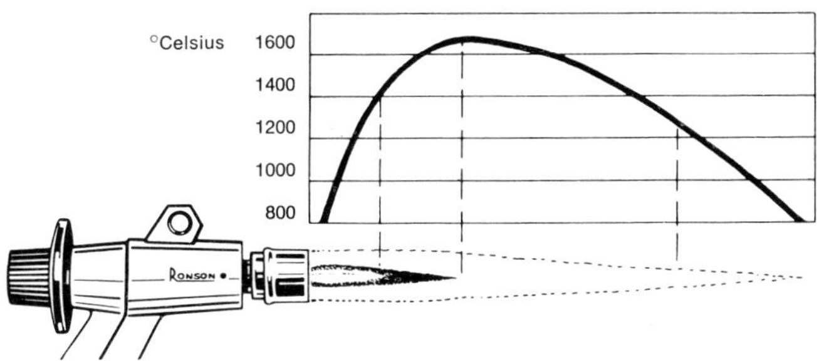

10 Temperaturverlauf an einem Gaslöter.

11 Größere Lötarbeiten erfordern auch entsprechende Geräte.

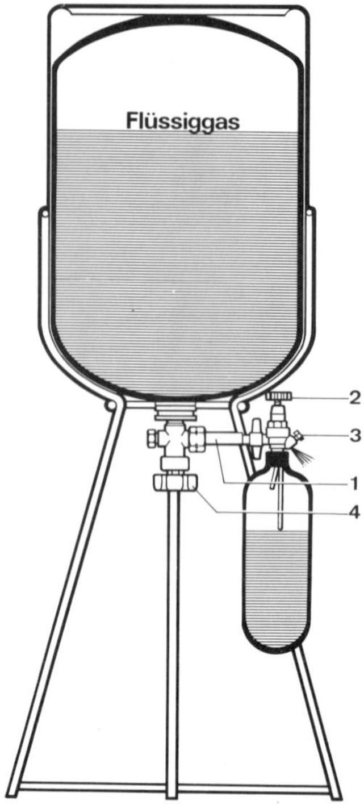

12 Abfüllvorrichtung für Flüssiggas (rechts).

13 Handliches Montagegerät für Lötarbeiten.

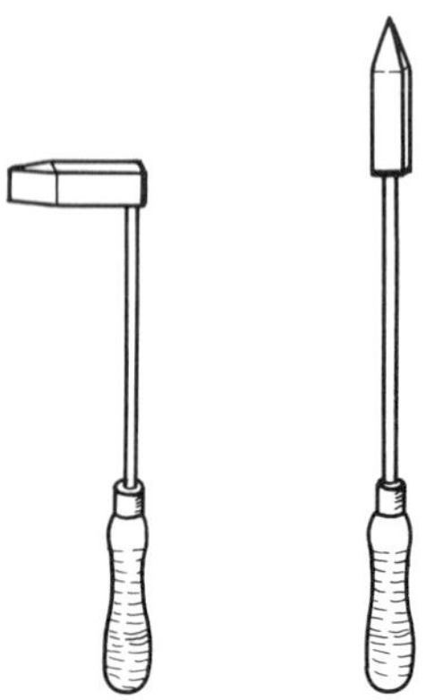

14 Herkömmliche Lötkolben mit Kupferspitze, links: Hammerlötkolben, rechts: Spitzlötkolben.

wendung. Lötbrenner für größere, schon fast in den Handwerksbereich fallende Arbeiten bestehen oft aus einem Handstück mit Brenner, der mittels Schlauch mit einer Propangasflasche verbunden ist.
Wenn die Flasche in Abbildung 11 zu groß und unhandlich erscheint, kann man sich helfen, indem nach Abbildung 12 das Gas der großen Flasche in den in Abbildung 13 gezeigten kleinen Behälter umgefüllt wird.

Geräte mit Lötkolben

Unter Lötkolben versteht man im Grunde ein auf einen Stiel geschlagenes angespitztes Kupferstück. Der Kolben wird vor dem Löten auf einem Feuer oder einer son-

stigen Wärmequelle auf Temperatur gebracht. Beim Löten erkaltet er wieder, indem er seine Wärme an das Werkstück und natürlich auch an die Luft abgibt. Somit muß der Kolben, je nach Größe der Kupferspitze, in kürzeren oder längeren Zeitabständen wieder erwärmt werden. Der Profi hilft sich, um während eines Lötvorgangs nicht soviel Wartezeit hinnehmen zu müssen, indem er mehrere Lötkolben gleichzeitig erwärmt. Ist einer erkaltet, legt er diesen auf die Wärmequelle zurück und arbeitet mit einem bereits warmen Gerät weiter. So braucht das Löten nicht unterbrochen zu werden.
Es war naheliegend, Lötkolben zu entwickeln, die mit der Wärmequelle fest verbunden sind. Wird der Kolben während des Lötvorgangs ständig erwärmt, sind Arbeitsunterbrechungen wegen unzureichender Wärme nicht nötig. Das Löten geht zügig voran, was der Qualität der Lötnaht gut bekommt.
Das einfachste war, den Lötkolben auf die schon erwähnte Lötlampe oder gleichartige Flammenlötgeräte aufzubauen. Die Flamme trifft den Kolben und versorgt diesen immer mit ausreichender Wärme. Je nach Bedarf ist die Wärmezufuhr durch das Verstellen der Flammengröße zu regulieren.
Der mit Benzin, Petroleum oder Gas beheizte Lötkolben hat den Vorteil, überall betrieben werden zu können, während der elektrisch beheizte nur in Steckdosenreichweite einsetzbar ist. Erzeugt der flammenbestückte Kolben mitunter beim Verwender ein Gefühl der Gefahr, so ist

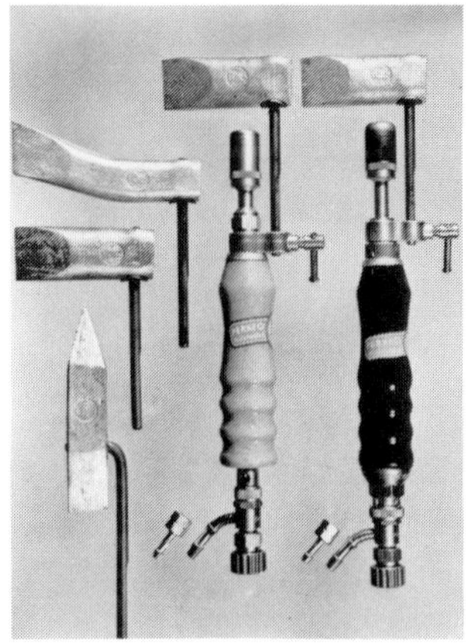

15 Verschiedenartige Lötkolben können auf den Gasbrenner aufgebaut werden.

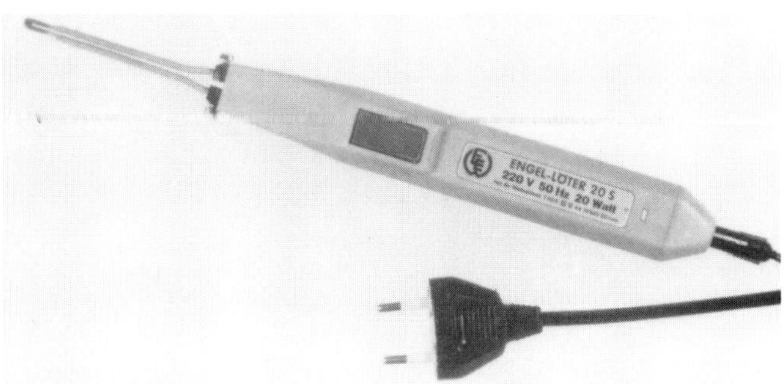

16 Handlicher Elektro-Klein-Löter mit einer Leistung von 20 Watt.

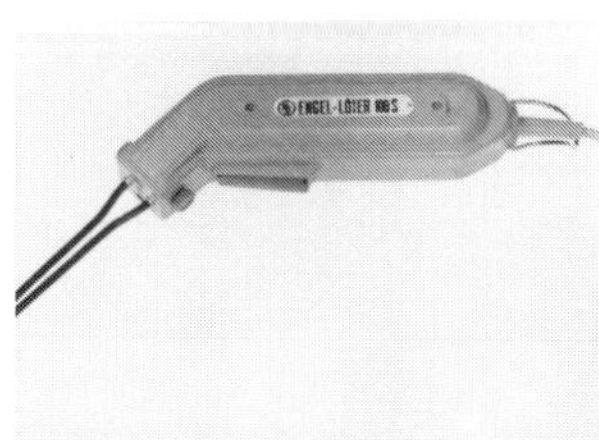

17 Lötpistole.

dies bei Elektrogeräten heute wohl nicht mehr der Fall. Folglich geht auch in Heimwerkerkreisen der Trend zu den mit elektrischem Strom beheizten Lötkolben. Die einfache Art, wie diese Kolben betrieben werden, ermuntert selbst Hausfrauen und Jugendliche, sich der Technik des Lötens zu bedienen, sollen Werk- und Bastelarbeiten einen besonderen Pfiff erhalten.

Der Heimelektroniker (s. Bild 2) kommt weder beim Modellbau noch beim Radiobasteln ohne den elektrisch beheizten Minikolben aus. Der Begriff Lötkolben ist für die feinen Elektrolötgeräte nicht mehr gebräuchlich, sie sind vielmehr als »Lötpistole« oder »Kontaktlöter« im Handel. Diesen Lötern können in der Regel unterschiedliche Spitzen eingesetzt werden. Ein mit einer aufladbaren Batterie ausgestatteter Löter ist dann wiederum unabhängig von Steckdose und Strom. Aufheizzeiten von im Mittel sechs Sekunden, schnelle Abkühlung nach dem Abschalten, beleuchtetes Arbeitsfeld und geringes Gewicht des Gerätes lassen eine einfache Handhabung zu.

Kontaktlöter von 15 bis 40 Watt und Spitzentemperaturen von 300° C bis Lötkolben von 300 bis 500 W und Temperaturen bis 600° C begrenzen die große Palette der angebotenen Elektrolötgeräte. Je nach auszuführender Arbeit

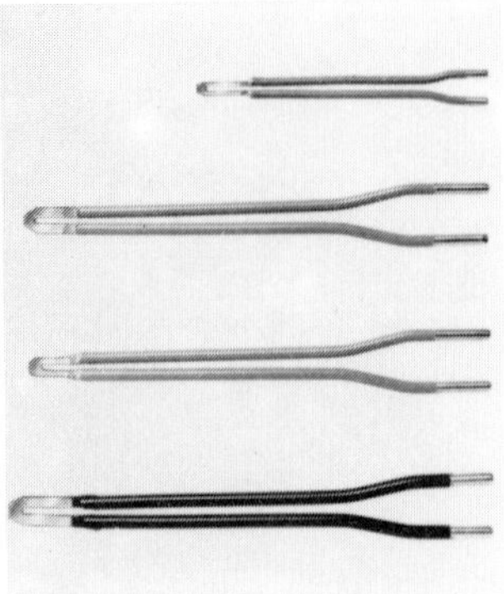

18 Auswechselbare Lötspitzen.

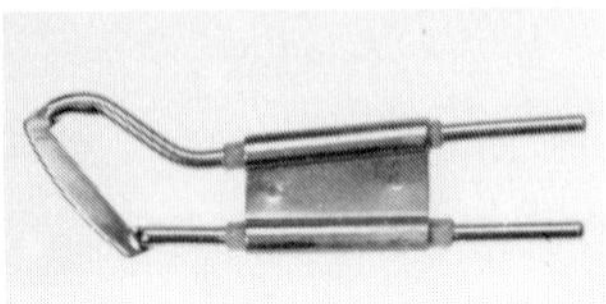

19 Schneidspitze für Seile und Stoffe.

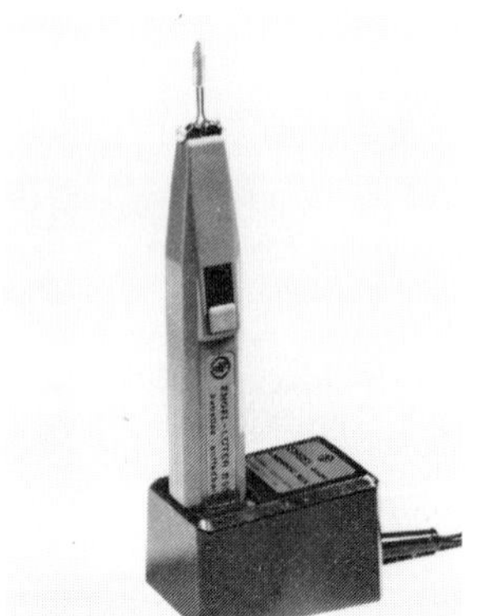

20 Von der Elektrosteckdose unabhängiger, aufladbarer Batterielöter.

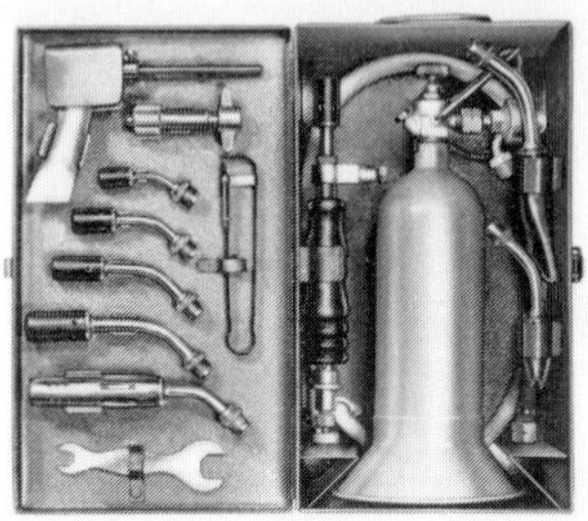

21 Komplettes Gaslötgerät mit Flasche, Druckminderer, Brenner und Lötkolben.

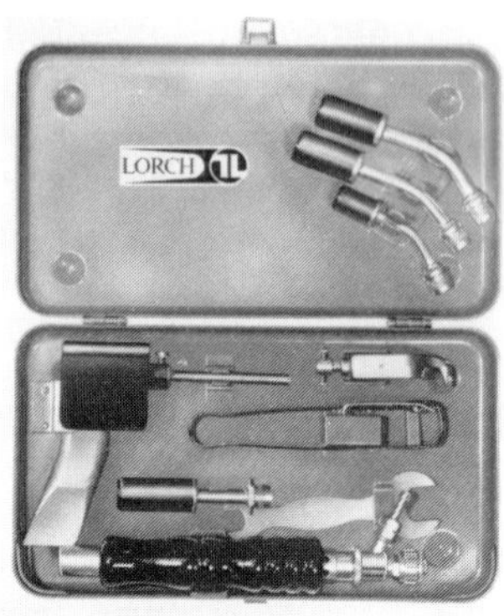

22 Lötgerät in einfacherer Ausstattung.

23 Propangasflaschen mit Druckminderer.

ist das entsprechende Gerät zu wählen. In der Regel kommt der vielseitige Heimwerker mit nur einem Kolben oder Löter wohl nicht aus.

Propangaslöter sind nicht nur als Einzelteile, sondern auch komplett mit allem Zubehör – mit oder ohne Flasche – im Fachhandel zu haben.

Das Gas – zumeist Propan – kann ohne Druckregler nicht der Flasche entnommen werden. Es stehen verschiedene Modelle zur Wahl.

Tauchlötbäder, zum Verzinnen von gedruckten Schaltungen und Kabel- bzw. Litzenenden, sind eine weitere Variante der Lötgeräte. Das eingebrachte Lot wird in dem Bad für die Dauer der Arbeit im flüssigen Zustand gehalten. Vorsicht: Verbrennungsgefahr bei Verschütten des flüssigen Lotes.

Besonders für die Kupferrohrinstallation (Sanitärbereich, Heizungsbau, Kraftstoffleitungen) wurde das in der Abbildung 25 dargestellte elektrische Widerstands-Lötgerät entwickelt. Im Normalfall wird die mit den sogenannten Kohlen bestückte Zange auf die Muffe des Rohrfittings gehalten und so die Lötstelle erwärmt. Der weitere Lötvorgang ist ähnlich der Brenner- oder Kolbenlötung, so auch die Vorbereitung der Werkstücke durch Entgraten, Kalibrieren, Reinigen und Auftragen eines geeigneten Flußmittels.

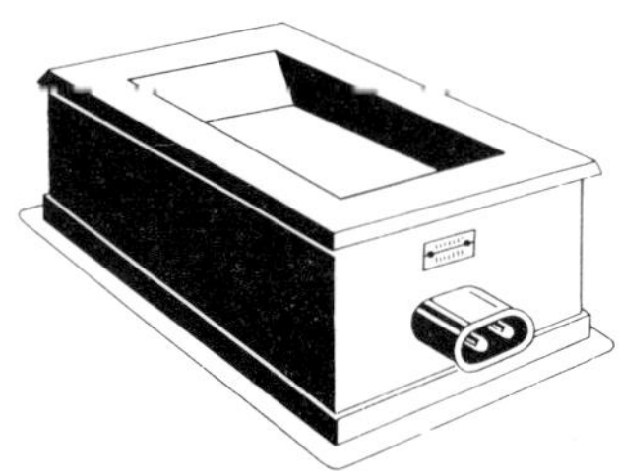

24 Großes Tauchlötbad zum Verzinnen.

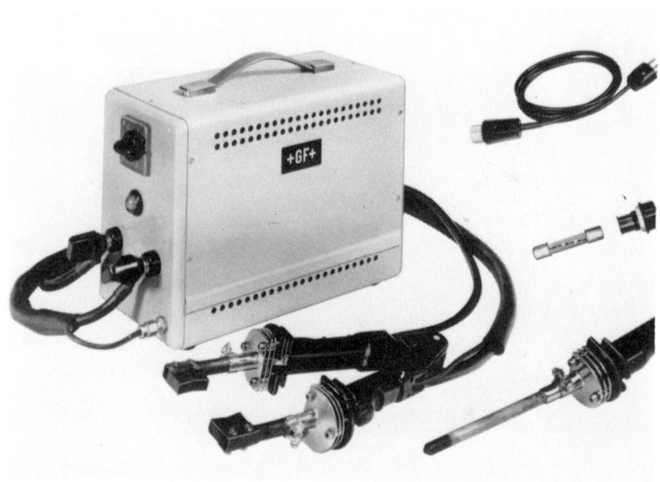

25 *Elektrisches Widerstandslötgerät für die Kupferrohrlötung.*

26 *Elektroniklot mit 60 % Zinnanteil.*

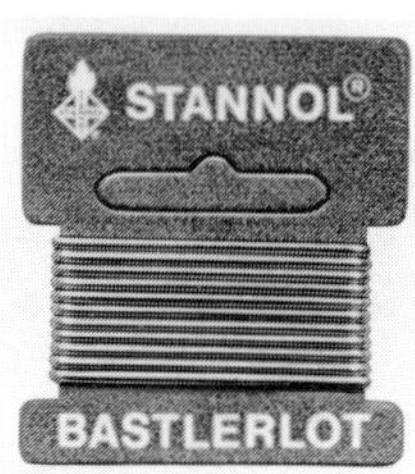

27 *Bastlerlot.*

Weichlote

Die Qualität einer Weichlötverbindung hängt in entscheidendem Maße von der Güte des Zusatzwerkstoffes, des Lotes, ab. Diese Lote bestehen in der Hauptsache aus Zinn und Blei, je nach Verwendungszweck sind die Prozentsätze der Bestandteile unterschiedlich. Die Bezeichnung richtet sich nach den jeweiligen Anteilen von Blei und Zinn. So bedeutet der Normbegriff LSn 40 Pb, daß dieses Lot einen Anteil von 40 % Zinn und 60 % Blei hat, wenn man die unerheblichen anderen Bestandteile vernachlässigt (Sn = chemisches für Zinn, Pb = Blei, Sb = Antimon, Ag = Silber, die Zahl bestimmt den Prozentanteil des vorstehenden Metalls). Von der Zusammensetzung eines Lotes hängt vor allen Dingen die Arbeitstemperatur ab, die sich wiederum nach der auszuführenden Arbeit, der Empfindlichkeit des Grundmaterials und anderer Faktoren richtet. Das Lot mit 40 % Zinn (LSn 40) schmilzt bei etwa 230 °C (500 K), das mit 60 % Zinn (LSn 60) bei etwa 190 ° C (460 K).
Für allgemeine Lötarbeiten kommt LSn 40 zum Einsatz, bei Anwendungen für die Elektrotechnik, Elektronik usw.

LSn 60. Zum Löten von Materialien, die mit Eßwaren in Berührung kommen können, wie Teller, Töpfe, Dosen und auch Wasserleitungen, dürfen nur dafür zugelassene Lote verwendet werden. So gibt es bis hin zum bleifreien Lot verschiedene Legierungen, die anerkannt sind. Für Weichlötarbeiten an Leichtmetallen und an Blei verwendet man Lote anderer Zusammensetzungen. Um allen Wechselfällen der Heimwerkstatt gerecht zu werden, sind also, je nach vorherrschendem Interessengebiet, verschiedene Lote bereit zu halten.

28 Lötdraht mit 40 % Zinnanteil.

29 Radiolot mit 60 % Zinnanteil und Flußmittelseele.

30 Fittingslot mit 50% Zinnanteil vom DVGW zugelassen.

31 Lötzinn in Dreikantstangen.

Flußmittel zum Weichlöten

Eine richtige Lötung kann nur eintreten, wenn das Lot mit dem Metall des Werkstücks eine innige Verbindung eingehen kann. Alle Metalloberflächen sind in der Regel jedoch von Oxydschichten bedeckt, die den Zutritt des Lotes zum Metall verhindern. Fett, Schmutz, dicker Rost (natürlich auch Oxyd) und Farbe sind dem Lot außerdem im Wege. Letztere müssen mit Drahtbürste, Feile, Schleifpapier, Stahlwolle (Mutters sauberer Topfkratzer) oder Lötlampe (Farbe), also mechanisch, abgelöst werden. Die normalen Oxydschichten dagegen sind in der Regel nur durch chemische Reaktionen zu beseitigen. Die entsprechend entwickelten Flußmittel sind dazu in der Lage, sie verhindern gleichzeitig die Oxydation der Lötstelle während des Lötvorgangs. Im warmen Zustand

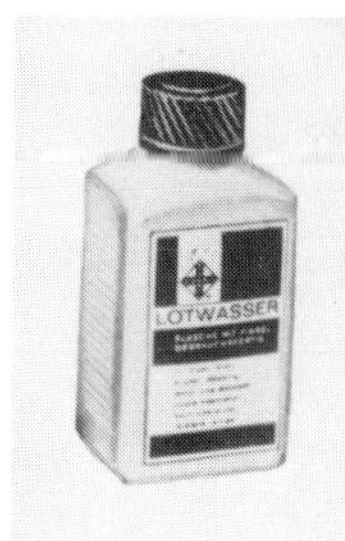

32 Lötwasser für Weichlötungen aller Art.

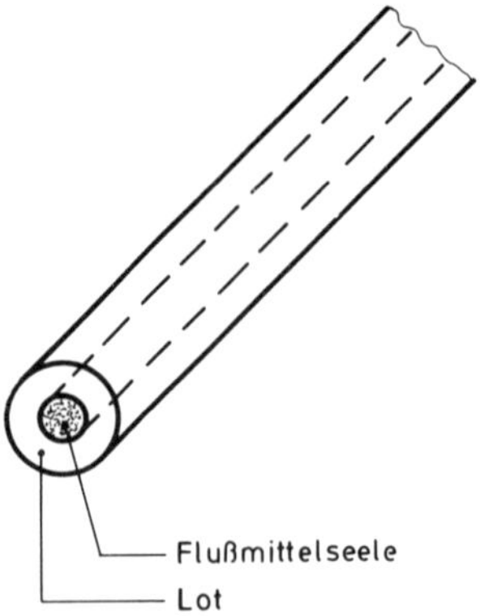

33 Lötdraht mit Flußmittelseele.

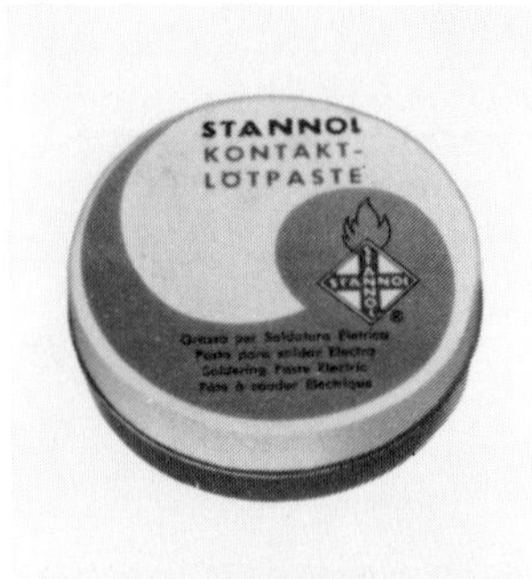

34 Lötpaste für Elektrofeingeräte.

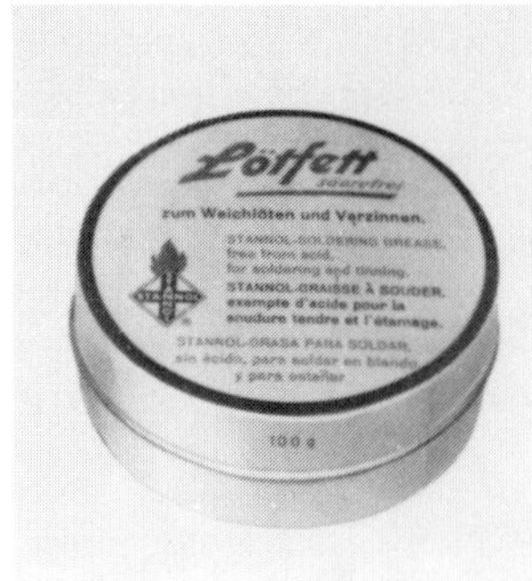

35 Lötfett für Weißblech, verbleites Blech, vom DVGW zugelassen.

36 Lötfett zum Weichlöten von Kupferrohrleitungen, vom DVGW zugelassen.

geht die Oxydation an Metalloberflächen nämlich äußerst schnell vor sich. Die verschiedenen zu lötenden Metalle erfordern unterschiedliche Flußmittel.

Beim Weichlöten von Stahl, Kupfer, Messing, Zinn und Nickel kann das sogenannte Lötwasser benutzt werden, das man aus Salzsäure und Zinnschnitzeln herstellen kann, besser jedoch im Fachhandel kauft. Verdünnte Salzsäure dient bei verzinkten Blechen und bei reinem Zinn als Flußmittel, während für das Löten von Blei eigens präpariertes Lot hergestellt wird. Das Flußmittel ist im Lot enthalten. Elektrische Eisenbahnen und Radiogeräte würden es sehr übel nehmen, wenn ihre Teile mit Salzsäure in Verbindung kämen. Für derartige Lötungen werden spezielle Flußmittel hergestellt wie Kolophonium-Löttinktur und Kontakt-Lötpaste. Lötfett für Weißblech und verbleites Blech und für Lötarbeiten an Wasserleitungen aus Kupfer.

Säurehaltige Flußmittel müssen nach beendetem Lötvorgang mit Wasser abgewaschen werden. Durch eine Kombination von Lot und Flußmittel, das Flußmittel befindet sich als Seele in dem Lötdraht, ist dem Heimwerker die Arbeit noch weiter erleichtert worden. Unter den Bezeichnungen Bastlerlot, Radiolot oder Elektroniklot werden diese Produkte angeboten.

Noch ein paar Hinweise zu den Flußmittelbezeichnungen:

Zum Beispiel Bezeichnung DIN 8511 F–SW 12

Es bedeuten:

DIN 8511 = Das Flußmittel entspricht der Norm 8511,

F = Flußmittel, S = Schwermetall, W = Weichlöten.

Zubehör

Lötgerät, Lot und Flußmittel sind zwar das wichtigste beim Weichlöten, aber ohne etwas Zubehör geht es oft nicht. Da ist der Salmiakstein, der zum Verzinnen des Lötkolbens benutzt wird. Der heiße Kolben wird unter Zugabe von Lötzinn auf dem Stein gerieben, bis an der Spitze eine Zinnschicht haften bleibt. Erst dann kann gelötet werden. Dieses Verzinnen ist bei einem neuen Kolben immer erforderlich, später ist von Fall zu Fall eine Wiederholung notwendig. Verbrannte Zinnreste, Oxyde, Schlacken und andere Schmutzteile sind vorher zu entfernen. Wer glaubt, ohne Verzinnung des Kolbens

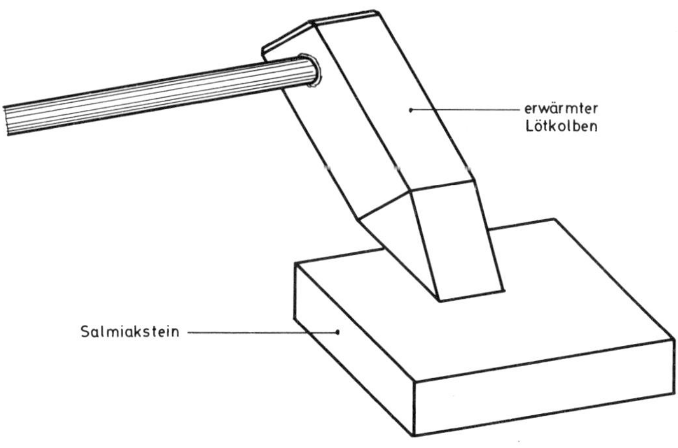

37 Zum Verzinnen wird der erwärmte Lötkolben über einen Salmiakstein gezogen.

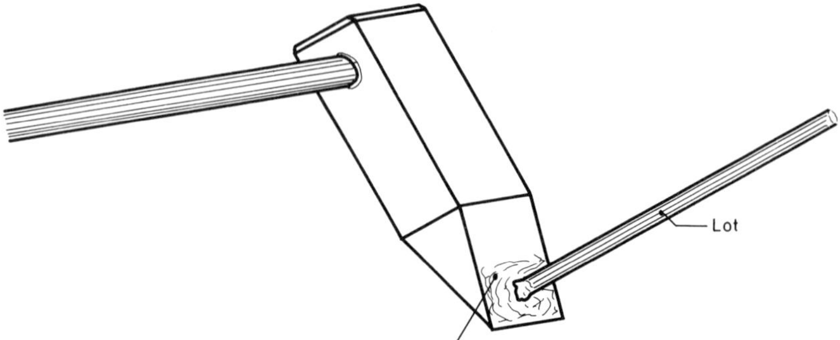

38 Der mit dem Salmiakstein bearbeitete Kolben wird mit Lot bestrichen.

auszukommen, wird bald eines Besseren belehrt. Der Salmiakstein ist am besten trocken und in einer Kunststoffschachtel aufzuheben. Metalle würde er im Laufe der Zeit angreifen.
Weiteres Zubehör sind Feile, Zinnhobel, Schleifpapier, Stahlwolle und eventuell eine Brille, um die Augen beispielsweise beim Ansetzen von Lötwasser aus Salzsäure und Zinn – was unter stürmischen Reaktionen vor sich geht – zu schützen. Lederhandschuhe und festes Arbeitszeug sollten bei größeren Lötaufgaben (Dächer – Dachrinnen) immer greifbar sein.
Ein Verbandskasten und auch der Feuerlöscher können im Ernstfall gute Dienste tun.

Anwendungen

Im zuvor Beschriebenen wurde gelegentlich auf mögliche Anwendungen hingewiesen. Erschöpfend kann die längste Aufzählung nicht sein. Auch die Voraussetzungen, unter denen eine Weichlötung vorgenommen werden kann, sind bereits besprochen. So soll an dieser Stelle eine zusätzliche, jedoch wahllose Aufzählung folgen:

Schmuckstücke, Manschettenknöpfe, Spielzeug, Geschirr, Abdeckbleche, Dosen, Ritterrüstungen, Dachrin-

39 Lötarbeiten an einem Dachrinnenteil.

nen (Abb. 39), Metalldächer, Kabelenden, Wasserleitungen, Abflüsse, Drahtzäune, Möbelbeschläge, elektronische Schaltungen, Vogelkäfige.

Vorbereiten des Werkstücks

Abgesehen von den Vorbereitungen in bezug auf das Säubern der Lötnaht sind, um befriedigende Weichlötverbindungen zu erhalten, noch verschiedene andere Maßnahmen erforderlich. Zur Vorbereitung gehört zunächst einmal die Schaffung einer feuerfesten Unterlage, um nicht während des Lötvorgangs infolge Rauchentwicklung unter dem Werkstück die Arbeit unterbrochen zu müssen. Außerdem sind die zu lötenden Teile so zu arretieren, daß sie auch bei Berührung mit dem Lötkolben oder Lötdraht nicht in ihrer Lage verändert werden. Nach Beendigung der Lötung muß das Lötgut erst ausreichend erkalten, ehe die Werkstücke bewegt werden dürfen. Wird das gelötete Werkstück zu früh bewegt, kann die Naht spröde werden und leicht brechen.
Mit Fittings zu verbindende Kupferrohre sind nach dem Trennen mit einem Kalibrierwerkzeug wieder auf das

40 *Abgeschnittene Kupferrohre sind durch Kalibrierwerkzeuge wieder auf die ursprünglichen Werte zu bringen.*

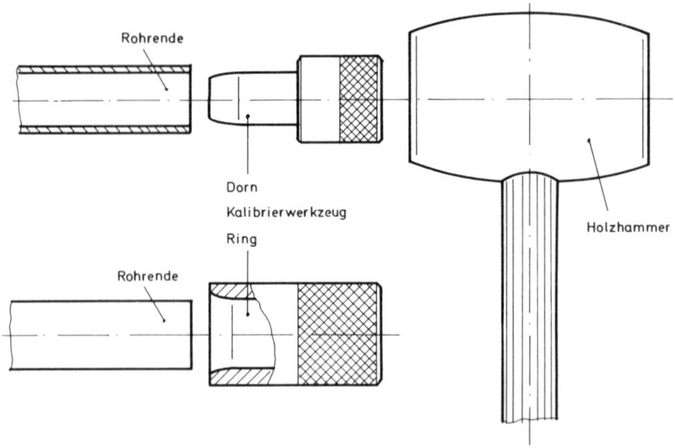

Ausgangsmaß zu bringen, damit der richtige Lötspalt eine einwandfreie Naht ergibt.
Große Nähte sollten vor dem eigentlichen Zusammenfügen an den Fügeflächen vorab verzinnt werden. Zuerst wird das Flußmittel aufgetragen, dann mit dem Lötgerät unter Hinzufügen von Lötzinn erwärmt. Das Lot verläuft und verzinnt das Werkstück entsprechend. Ist mit allen Teilen so verfahren worden, wird das Gesamtwerkstück in die erforderliche Lage gebracht und an der Fügestelle erwärmt, bis das Lot wieder flüssig ist. Oft ist eine weitere Zugabe von Lot nicht nötig.

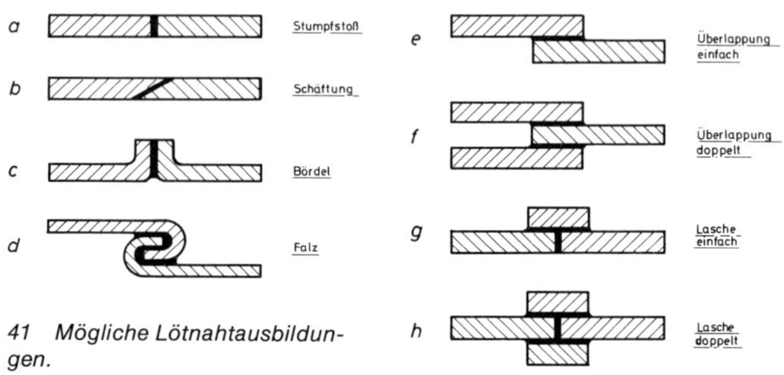

41 *Mögliche Lötnahtausbildungen.*

Erfahrungsgemäß machen dem Heimwerker Blechverbindungen im Weichlötverfahren die meisten Schwierigkeiten. Dies insbesondere in bezug auf die Gestaltung der Naht. Stumpfes Löten nach Pos. a der Abbildung 41 kann nicht erwarten lassen, daß dort auch nur die geringsten Belastungen übertragen werden können. Abgekantete (Pos. c) oder gefalzte Bleche (Pos. d) erfordern in der Regel besondere Arbeitstechniken, gegebenenfalls sogar Maschinen, darum sollte der Heimwerker die Ausführungen ab Pos. e der Abbildung 41 wählen.
Zum Abschluß soll nochmals eindringlich auf das gründliche Säubern der Fügestelle hingewiesen werden. Einige Minuten intensiver Bemühungen lohnen mit Sicherheit. Das Gelingen der Lötung auf Anhieb ist Ausdruck der Reinheit der vorbereiteten Lötnaht.

Ausführung

Als Synthese aller erworbenen Kenntnisse kann nun die Ausführung einer Weichlötnaht durchgeführt werden. Es soll offen bleiben, welches Werkstück gelötet wird. Damit entfällt auch die Wahl des Lötgerätes, des Lotes und des Flußmittels.

1 Zukünftige Lötstelle (an beiden Teilen) reinigen.
2 Auftragen des Flußmittels und Erwärmen der Lötstelle unter Zugabe von Lötzinn.
Bei richtiger Handhabung fließt das Zinn dünn über die zu lötende Fläche (die vom Flußmittel berührt wurde). Das Verzinnen ist nur bei größeren, unhandlichen Werkstücken erforderlich. Im Normalfall also nur das Flußmittel auftragen.
3 Die Teile wie gewünscht zusammenbringen und arretieren, damit sie beim Lötvorgang nicht verrutschen können. Bei Verwendung metallischer Unterlagen oder Klemmwerkzeuge sollten isolierende Zwischenlagen angeordnet werden, damit die vom Lötgerät auf das Werkstück aufgebrachte Wärme nicht sofort wieder abfließen kann.
4 Lötnaht mit dem Lötgerät erwärmen und Lötzinn zugeben. Der Lötdraht sollte seine Schmelztemperatur

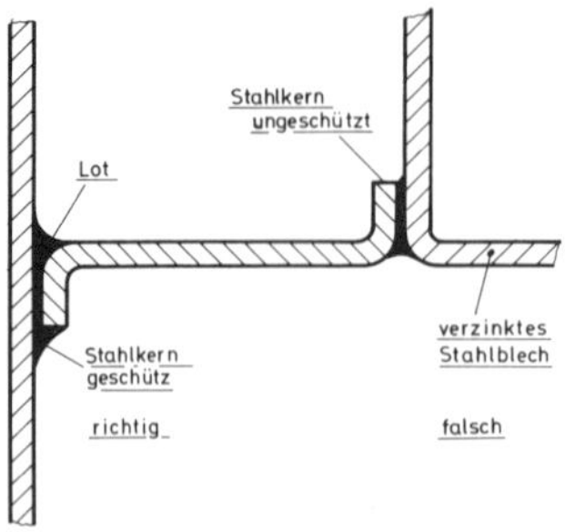

42 Die Schnittkanten von verzinkten Stahlblechen müssen bei einer Lötarbeit mit Lot überdeckt werden.

nicht vom Lötgerät, sondern vom Werkstück erhalten. So ist sichergestellt, daß die Arbeitstemperatur am Werkstück erreicht ist. Nur dann ist ja ein gutes Lötergebnis zu erwarten. Nach Beendigung der Lötung das Werkstück nicht mehr bewegen.

5 Die Lötung ist fertig.

6 Bei säurehaltigen Flußmitteln Werkstück mit warmem Wasser abspülen und trocknen.

Abschließend noch einen kleinen Tip aus der Praxis, der Ärger und Kosten sparen hilft.

Für Blecharbeiten, die im Freien verbleiben, finden in der Hauptsache verzinkte Stahlbleche Verwendung, die ja im Normalfall in großen Tafeln hergestellt, angeboten und verkauft werden. Aus diesen Tafeln sind dann die erforderlichen Blechstücke herauszuschneiden. Die Schnittstellen haben somit keinen Zinküberzug mehr und würden rasch korrodieren, also rosten, und teilweise den angrenzenden Zinkbelag zerstören. Die Blecharbeit wäre bald unansehnlich oder gar unbrauchbar. Soll die Korrosion vermieden werden, sind beim Löten die Schnittstellen im Zuge einer Lötnaht oder extra mit Lötzinn abzudecken.

Das Hartlöten

Das Prinzip des Hartlötens unterscheidet sich nicht von dem des Weichlötens. Einige grundsätzliche Fragen, jeweils mit Hinweisen auf entsprechende Ausführungen in bezug auf das Weichlöten, brauchen hier nicht mehr behandelt zu werden.

Wir haben schon festgestellt, daß beim Hartlöten Lote zum Einsatz kommen, deren Schmelzpunkte oberhalb 450° C (720 K) liegen. Abhängig vom Schmelzpunkt ist ja die Arbeitstemperatur, die jeweils über dem Schmelzpunkt des Lotes liegen muß. Sollen jedoch Temperaturen von über 450° C an einem Werkstück erreicht werden und hat dieses Werkstück eine große Masse (die Wärme fließt schnell ab), so müssen zum Hartlöten auch stärkere Lötgeräte herangezogen werden.

Der Uneingeweihte denkt, wenn er den Begriff Hartlöten vernimmt, an einen Lötbegriff, der mehr oder weniger so am Rande mitläuft. Aber das Hartlöten ist nicht so selten, wie es sich anhört. Es ist schon aus altägyptischen Kulturepochen bekannt. Grabbeigaben aus Gold zeugen von

43 + 44 Auch Gaspatronen-Löter sind zum Einsatz an Hartlötarbeiten geeignet.

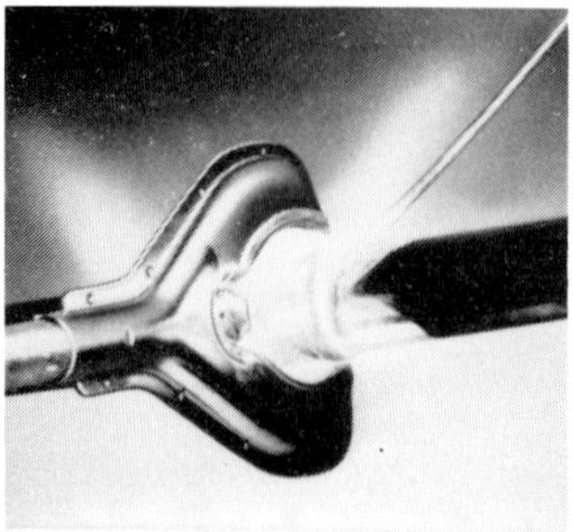

45 Besonders geformte Brenner erleichtern das Löten von Rohren.

dieser Löttechnik. Auch die Industrie hat das Hartlöten seit einigen Jahren wieder neu entdeckt. Neuartige Lote und Flußmittel lassen Festigkeiten in Lötnähten entstehen, die denen des Schweißens kaum noch nachstehen. Insbesondere auf Hartlötautomaten werden Massengüter angefertigt. Als Vorreiter gilt die Schmuckindustrie, die die Vorteile des Hartlötens frühzeitig erkannt hat. Und der Heimwerker soll diese Technik nun auch erlernen und begreifen.

Hartlötgeräte

Für den Heimwerker wurden in den letzten Jahren Hartlötgeräte entwickelt, die speziell seinen Aufgabenstellungen entgegenkommen. In der Heimwerkstatt wird ja in der Regel keine Massenfertigung betrieben. Die Einzelanfertigung steht im Vordergrund. Eine große Stückzahl sich wiederholender Lötungen ist wohl die Ausnahme. So wurde dann bei der Konzipierung der Heimwerker-Hartlötgeräte auf Handlichkeit, leichte Bedienung und geringe Größe Wert gelegt.

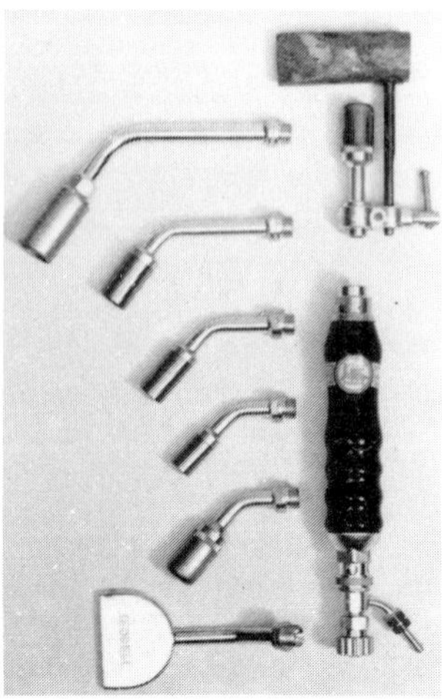

46 Vielseitiges Gaslötgerät.

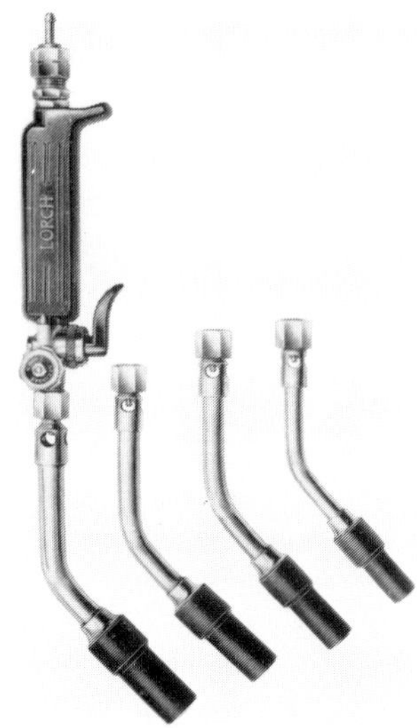

47 Der Luftsauerstoff wird beim Gaseintritt in den Brenner dem Gas beigemischt (links).

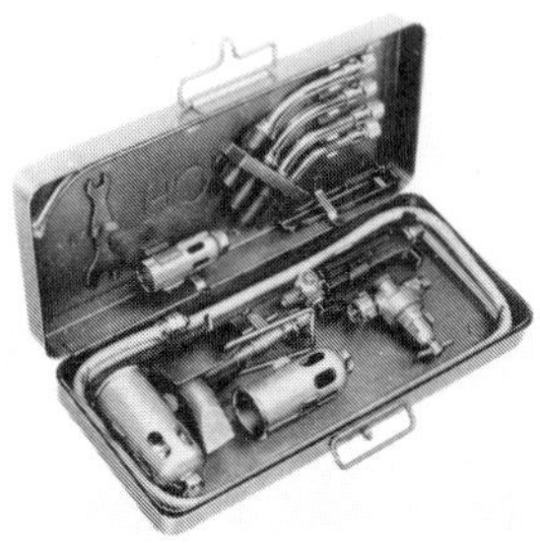

48 Komplettgerät mit Kasten.

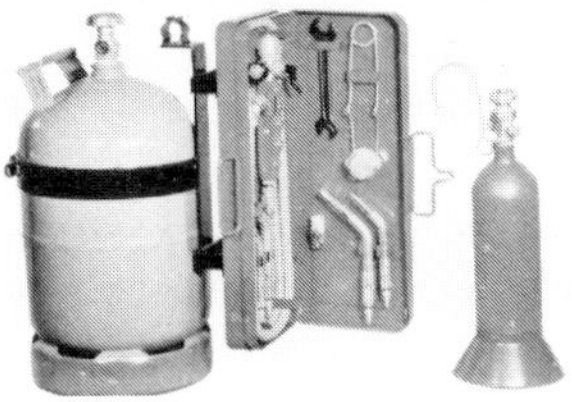

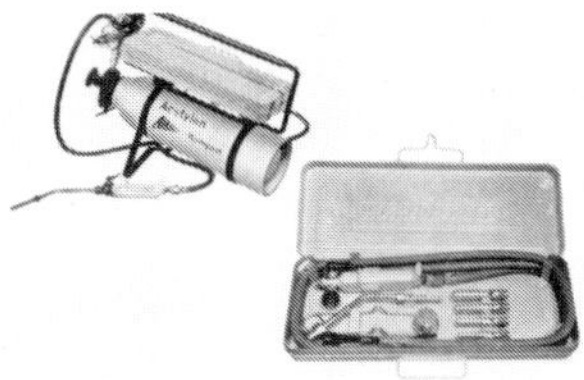

49 Lötgarnitur auf Propangasflasche montiert (links).

50 Tragbares Acetylenlötgerät in Kompaktbauweise (rechts).

Nimmt man es richtig, wären zum Hartlöten keine eigens zu entwickelnden Geräte erforderlich. Leistungsstarke Weichlötgeräte sind für Hartlötungen an leichten Werkstücken ausreichend, und das autogene Schweißgerät kann für große schwere Werkstücke herangezogen werden.

Lötgeräte, wie in den Abbildungen 43 bis 51 dargestellt, eignen sich sowohl zum fachgerechten Weich- als auch zum Hartlöten. Propan-, Butan- oder Azetylengase erzeugen unter Einbezug des Luftsauerstoffs die erforderliche Wärme, um die Werkstücke auf Arbeitstemperatur zu bringen. Zum Verarbeiten höherschmelzender Lote ist auf Kapseln oder Flaschen gefüllter Sauerstoff notwendig.

Der Lötkolben ist jedoch, um das nochmals zu wiederholen, zum Hartlöten nicht geeignet. Die erforderlichen Arbeitstemperaturen werden keinesfalls erreicht. In der Regel schmilzt noch nicht einmal das Lot ab.

Für den Heimwerker ist das Hartlöten somit nur mittels der offenen Flamme möglich. Handwerksfirmen und Industriebetriebe arbeiten – sieht man von wenigen Ausnahmen ab – auch nicht anders.

Vor der Neuanschaffung eines Gerätes sollte folgendes überlegt werden:

1 Wie groß sind in der Regel die zu lötenden Werkstücke, reichen Geräte aus, mit denen auch das Weichlöten möglich ist?
2 Wie oft sind möglicherweise große Werkstücke hart zu löten? Kann man die wenigen Fälle außer Haus geben?
3 Soll mitunter auch autogen geschweißt werden?

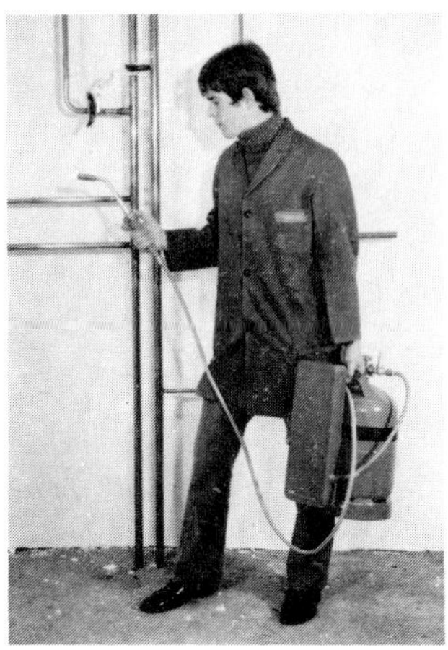

51 Propangasgerät im Einsatz.

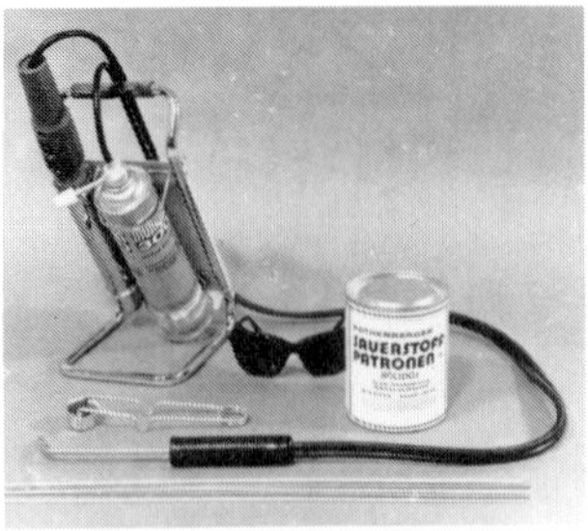

52 Neuartiges Gas-Sauerstoff-Hartlöt- und -Schweißgerät.

Heimwerker, die nicht viel Platz zur Verfügung haben, für die Anschaffung eines Hartlöt- und Schweißgerätes nur wenig Geld ausgeben wollen, nur seltener hartlöten oder autogenschweißen, aber Wert auf einwandfreie Ergebnisse legen, sollten für ihre Zwecke das auf Abbildung 52 gezeigte Gerät in die engere Wahl ziehen. Es ist so leicht und einfach zu bedienen, daß auch die Dame des Hauses vor seiner Benutzung nicht zurückzuschrekken braucht.

Das komplette Gerät ist im Fachhandel erhältlich. Die Packung enthält neben dem Handgriff eine 300 g Propanflasche, 1 Dose Sauerstoffpatronen mit etwa 90 Minuten Brenndauer, zwei Schweißdüsen (2 und 1,5 mm), Schweiß- und Hartlötstäbe, die ausreichen, 14 verschiedene Metalle zu verbinden, eine Schutzbrille, Anzünder und Düsenreiniger. Eine ausführliche Bedienungsanleitung vervollständigt die Ausstattung. Das Gerät wiegt lediglich 3 kg.

Die schon angesprochenen Autogen-Schweißgeräte werden unter den entsprechenden Abschnitten aufgeführt und besprochen.

Hartlote

Der Schmelzpunkt der Hartlote liegt über 450° C. In der Regel wird jedoch bei Temperaturen über 600° C (870 K) gearbeitet, da es gute Lote zwischen 450 und 600° C nicht gibt. Die Hauptlegierungsbestandteile des Weichlotes, Zinn und Blei, sind in diesen Loten nicht mehr enthalten. Kupfer, Zink, Phosphor, Nickel, Cadmium und Silber bilden deren Grundlage.

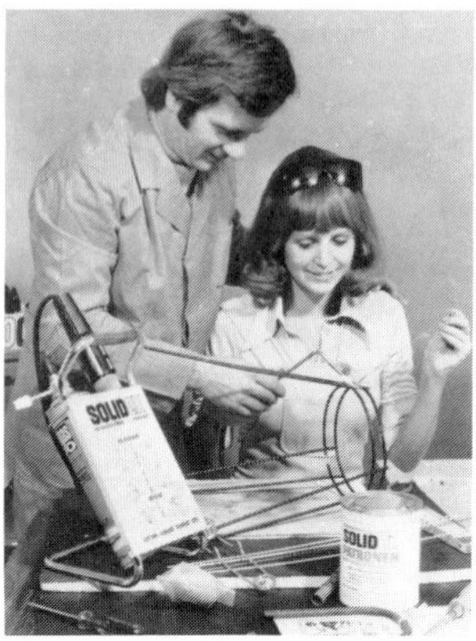

53 Minigerät in Betrieb.

Aus den genormten Lotbezeichnungen kann der Fachmann ablesen, welche Bestandteile sie enthalten. Auf den speziell für den Heimwerker angefertigten Verkaufspackungen sind oft nur Firmenbezeichnungen angebracht, die keinen Rückschluß auf die Zusammensetzung zulassen. Derartige Lote zu verwenden, ist nicht ratsam.

Man kann davon ausgehen, daß bei hohem Silbergehalt die Arbeitstemperatur etwas über 600° C liegt und bei niedrigem Silbergehalt oft die 800° C-Grenze (1070 K) überschritten wird. In aller Regel sind heute die sogenannten Silberlote im Gebrauch. Reine Messinglote werden immer weniger benutzt. Besonders die Silberlote mit 30 oder 40 % Silberanteil ermöglichen ein werkstoff- und werkstückschonendes Löten bei verhältnismäßig kurzen Lötzeiten.

An drei Beispielen soll die Bezeichnung von Hartlot erklärt werden:

1. Bezeichnung DIN 8513 L – MS 60
   Lot genormt nach DIN 8513,
   L – MS = Messinglot,
   60 = 60 % Kupfer, etwa 38 % Zink,
   Rest Si = Silizium,
   Sn = Zinn,
   Mn = Mangan,
   Fe = Eisen,
   Schmelzpunkt 890° C.

2. Bezeichnung DIN 8513 L – Ag 2 P
   Lot genormt nach DIN 8513,
   L – Ag = silberhaltiges Lot,
   2 = im Mittel 2 % Silber,
   P = etwa 6 % Phosphor,
   Rest Cu = Kupfer,
   Schmelzpunkt 700° C.

3. Bezeichnung DIN 8513 L – Ag 30 Cd
   Lot genormt nach DIN 8513,
   L – Ag = Silberlot,
   30 = im Mittel 30 % Silber,
   Cd = etwa 20 % Cadmium,
   etwa 28 % Kupfer (Cu),
   Rest Zn = Zink,
   Schmelzpunkt 670° C.

Weitere Erläuterungen enthalten jeweils die diesbezüglichen Beschreibungen des Herstellers; Abbildung 54 zu Beispiel 1, Abbildung 55 zu Beispiel 2. Insbesondere in bezug auf den Verwendungszweck, mechanische und physikalische Eigenschaften, Handhabung, Einstellung der Lötflamme und Auswahl des Flußmittels.

54 Herstellerangaben zu einem flußmittelumhüllten Hartlot.

KESTRA-Hartlot 1 (blank)
KESTRA-Hartlot 1 F (flußmittelumhüllt)

Norm-bezeichnungen

DIN 8513	L-Cu Zn 40 (bisher: L-Ms 60)
Werkst. Nr.	2.0367
ASTM/AWS	RB Cu Zn-A

Richtanalyse des reinen Lotes

Cu	Zn	
60	ca. 38	%

Anwendung

KESTRA-Hartlot 1 und Hartlot 1 F sind vorzügliche, besonders desoxydierte und entgaste Allzweck-Hartlote für die Herstellung von hochwertigen Lötungen im Automobilbau, Fahrrad- und Motorradindustrie, Armaturen- und Gerätebau, Installateur-Handwerk, Reparaturwerkstätten usw. Geeignet für das Hartlöten von Stahl, Gußeisen, Temperguß, Rotguß, Zinnbronze und Kupfer, das Auftragen von Gleit- und Schleißflächen, die Verbindung von Messing, Bronze, Kupfer und Kupferlegierungen.

Gütewerte des Hartlotes

Zugfestigkeit	ca. 440 N/mm² (45 kp/mm²)
	an Stahl ca. 345 N/mm² (35 kp/mm²)
Dehnung	25-40 %
Härte	ca. 110 HB = 65 HRB
Spez. Gewicht	8,4 kp/dm³

Bindetemperatur ca. 780° C

Schmelzbereich 890-900° C

Mantelfarbe rot

Abmessungen

Ø mm	Länge mm	Stück/kg ca.	
2,0	500	82	KESTRA-Hartlot 1
2,5	500	50	
3,0	500	34	
4,0	500	20	
5,0	500	13	
6,0	500	8	
2,0	500	72	KESTRA-Hartlot 1 F
2,5	500	44	
3,0	500	32	
4,0	500	18	
5,0	500	12	
6,0	500	8	

Eine große Anzahl Heimwerkerlote ist bereits mit einem Flußmittel umhüllt oder hat eine Flußmittelseele. Das L – Ag 2 P kann an Kupfer sogar ohne Flußmittel verarbeitet werden. Bei stark oxydierten Werkstoffen ist die weitere Zugabe eines Flußmittels auch dann erforderlich, wenn das Lot bereits mit Flußmittel umhüllt ist.
Das Hartlöten von Aluminium ist besonders schwierig. Heimwerkern, die dieses trotzdem wagen wollen, sei geraten, die für diesen Zweck speziellen Aluminium-Hartlote zu verwenden. Sie sind genormt nach DIN 8512 und haben Arbeitstemperaturen von unter 600° C (870 K).
Wichtiger Hinweis: Für Arbeiten an Wasser-, Heizöl- oder Gasleitungen sind nur bestimmte, entsprechend gekennzeichnete Lote zugelassen.

55 Herstellerangaben zu einem Silberlot.

GRILOT 2

Silberhaltiges Kupfer-Phosphor-Hartlot

Norm

DIN 8513 L–Ag 2 P
Werkstoff-Nr. 2.1467

Anwendung

An Kupfer, Messing, Zinnbronze, Rotguß, Aluminiumbronze. In Elektro-Industrie, Feinmechanischen Betrieben, Installations- und Heizungsbau, Brauereien, Molkereien, Ladeneinrichtungsbau, Fertighausbau.

Für Kupferrohr-Wasserleitungen (Kalt- und Warmwasser), Bierleitungen, Stromschienen, Kurzschlußläufer.

Mechanische und physikalische Werte (Richtwerte)

Festigkeit	[kp/mm²]	20–31
	[N/mm²]	200–300
	[psi]	28500–44000
Dehnung	[%]	≧ 12
Arbeitstemperatur	[°C]	ca. 710
Elektrische Leitfähigkeit	[m/Ω · mm²]	5

Handhabung

Flamme des Lötbrenners neutral einstellen. Werkstück breit vorwärmen; Lotstab ansetzen und Lot mit der Flamme verteilen. Lotstab längs der Naht führen. Dunkler Belag neben der Lötstelle kann belassen werden.

Flußmittel

Ohne Flußmittel an Kupfer
GRIFLUX 1 für Kupferlegierungen
GRIFLUX 3 für Aluminiumbronze

Artähnliche Hartlote

GRILOT 12 Silberhaltiges Kupfer-Phosphor-Hartlot (Typ L–Ag 5 P)
GRILOT 15 Silberhaltiges Kupfer-Phosphor-Hartlot (Typ L–Ag 15 P)

Lieferung

in 1,5 mm ⌀, 2,0 mm ⌀, 3,0 mm ⌀ × 500 mm

Flußmittel zum Hartlöten

Die Flußmittel für Hartlötungen haben ebenso wie die Weichlötflußmittel zur Aufgabe, die Lötstelle frei von Oxyden zu machen beziehungsweise zu halten. Dies geschieht unmittelbar vor und während der Lötung.

Zumeist sind die angebotenen Flußmittel universell einsetzbar. Angaben auf den Behältnissen weisen auf das Einsatzgebiet hin beziehungsweise geben Verarbeitungshinweise. Zum Löten von Aluminium und anderen Leichtmetallen sind Sonderflußmittel erforderlich.

Die genormten Bezeichnungen entsprechen denen der Weichlötflußmittel.

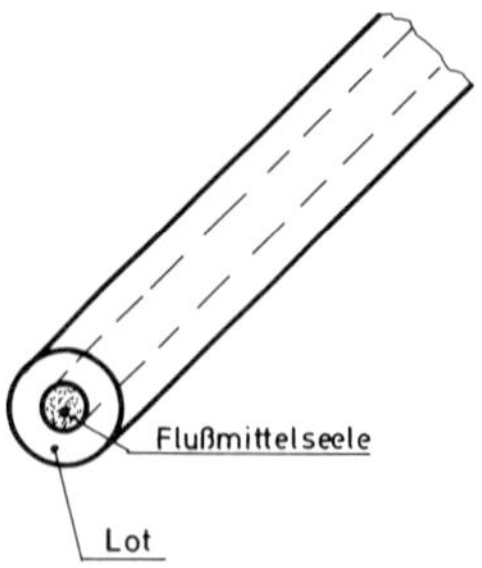

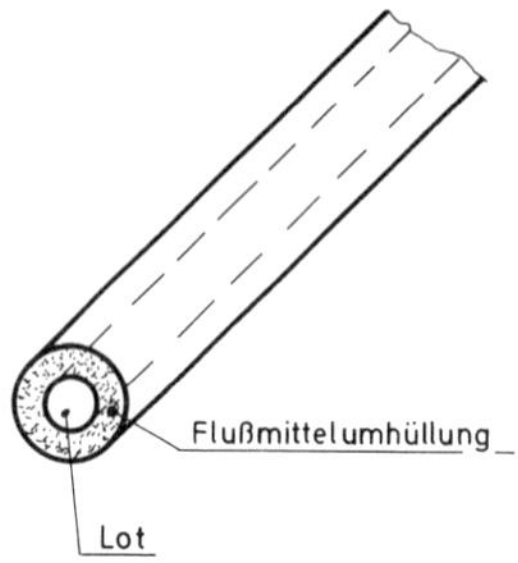

56 Hartlote mit Flußmittel, oben: als Seele – unten: als Umhüllung.

Beispiel:

1. Bezeichnung DIN 8511 F – SH 2
   genormt nach DIN 8511,
   F = Flußmittel,
   S = Schwermetall,
   H = Hartlöten.
2. Bezeichnung DIN 8511 F – LH 1
   genormt nach DIN 8511,
   F = Flußmittel,
   L = Leichtmetall,
   H = Hartlöten.

Zusätze zur Bezeichnung wie DVGW bedeuten, daß der »Deutsche Verein von Gas- und Wasserfachmännern eV« das Flußmittel für Arbeiten nach den angeführten Arbeitsblättern (GW 2) zugelassen hat. Dies gilt übrigens auch für Weichlote, Weichlotflußmittel und Hartlote.
Wie schon gesagt, Heimwerkerlote haben oft eine Flußmittelseele oder sind mit Flußmittel umhüllt. Deshalb sind kaum weitere Zusätze erforderlich.

Zubehör

Insbesondere ist eine ausreichende Arbeitsplatzausrüstung erforderlich, um einwandfreie Werkstattarbeiten in Hartlöttechnik ausführen zu können. Die feuerfeste Unterlage als Löttisch ist genauso wichtig wie eine gute Be- und Entlüftung des Arbeitsraumes. Metallische Spannvorrichtungen zum Arretieren der Werkstücke und entsprechende Unterlagen sind unerläßlich. Gutes Arbeitszeug und die Schweißerschutzbrille neben einer Brille mit klaren Gläsern sollten auch in der Heimwerkstatt immer greifbar sein.

Anwendungen

Unter Berücksichtigung der erwarteten Festigkeit einer stoffschlüssigen Verbindung gibt es kaum eine Sache, die durch Hartlöten nicht hergestellt, repariert oder verbunden werden kann. Sogar der künstlerisch veranlagte Heimwerker kann seinen Vorstellungen in bezug auf die Gestaltung eines Objektes freien Lauf lassen.

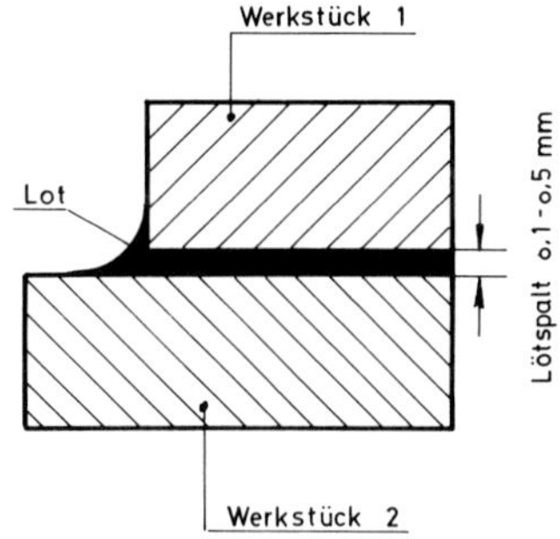

57 *Beim Spaltlöten gelingt die Lötung am besten, wenn der Spalt lediglich 0,1 bis 0,5 mm aufweist.*

Vorbereiten des Werkstücks

Alle vorausgegangenen Ausführungen haben nun schon gezeigt, daß im »Hauruck«-Verfahren in der Regel keine befriedigenden Lötergebnisse erzielt werden können. Ruhe und Gründlichkeit sind die ersten Pflichten des Löters. Saubere Werkstücke und einwandfreie Werkzeuge sind weitere Garanten für haltbare Verbindungen. Die guten Lötungen ergeben sich immer dann, entsprechende Lote, Flußmittel und Arbeitstemperaturen vorausgesetzt, wenn der Abstand der zu verbindenden Teile das ideale Maß erreicht. Das heißt daß die beiden Teile beim Lötvorgang nicht fest aufeinander ruhen, sondern einen Spalt aufweisen, der in der Regel 0,1 bis 0,5 mm beträgt. Die sogenannten Kapillarkräfte ziehen dann das Lot in den Spalt, dieser wird ganz ausgefüllt und stellt somit eine einwandfreie Verbindung dar. Das Flußmittel wird vor dem Zusammenfügen aufgetragen, eventuell sollte ein Mittel in Pastenform Anwendung finden, Pulver könnte beim Arretieren herausfallen.
Neben dem geschilderten Spaltlöten ist das Fugenlöten gebräuchlich. Dazu muß jedoch die Arbeitsfuge hergerichtet werden, was dem Heimwerker erfahrungsgemäß oft Schwierigkeiten machen dürfte. Die Abbildung 58 verdeutlicht, daß das Fugenlöten ein ähnliches Verfahren wie das Nachlinksschweißen des Autogeners darstellt. Das Werkstück wird mit der Flamme des Brenners auf Arbeitstemperatur gebracht und das Lot tropfenweise in die Fuge gelegt. Diese Art des Hartlötens findet seine Anwendung hauptsächlich im Rohrleitungsbau, wenn verzinkte Rohre – ohne Beschädigung der Verzinkung – verbunden werden sollen.
Voraussetzung für diese Verbindung ist eine ausreichende Wanddicke des Werkstücks. Bei Materialien unter 1 mm Stärke sind Stumpfstöße nur noch selten mit einer brauchbaren Festigkeit herstellbar. Bei derartigen

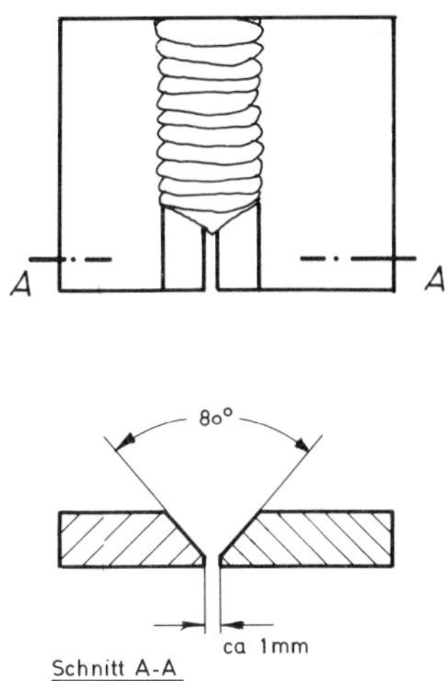

58 *Fugenlöten in der Art des Schweißens.*

Materialien müssen Überlappungen oder Laschen vorgesehen werden.

Ausführung

Der interessierte Leser hat in bezug auf die Ausführung von Hartlötnähten an dieser Stelle sicher keine Fragen mehr. In groben Zügen sei aber nochmals der Lötvorgang geschildert:

1 Lötstelle reinigen.
2 Lötfuge herstellen, wenn Fugenlötung.
3 Flußmittel auftragen, wenn dies erforderlich ist beziehungsweise mit dem Lot nicht aufgetragen wird.
4 Werkstück arretieren, eventuell Lötspalt bilden.
5 Lötnaht erwärmen, durch Pendelbewegung alle zu lötenden Stellen treffen. Eventuell Flußmittel vom Lötstab abschmelzen und in die Lötstelle treiben.
6 Nach Erreichen der Arbeitstemperatur Lot ansetzen und abschmelzen.
7 Die Lötung ist fertig.
8 Nach Herstellerangaben Flußmittelreste beseitigen. Einige sind wasserlöslich, andere müssen mit Bürsten entfernt werden.

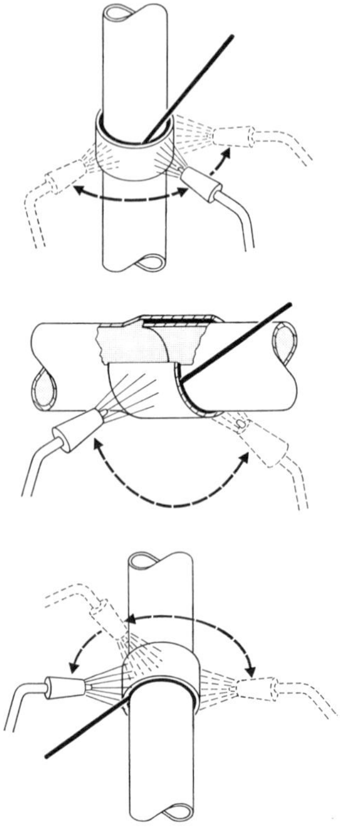

59 Beim Löten einer Verbindung ist das gleichmäßige und gänzliche Erwärmen der Naht besonders wichtig.

Es ist nicht zu empfehlen, Aluminium mit Stahl oder anderen Schwermetallen zu einem Werkstück verlöten zu wollen. Theoretisch ist dies möglich, die Heimwerkstatt mit ihren meist unzureichenden technischen Ausrüstungen hierbei jedoch überfordert. Alu mit Alu ist bei etwas Geschick, Geduld und Glück aber durchaus zu verbinden. Die Bedenken werden deutlich, wenn man Nachstehendes berücksichtigt:

Aluminium hat einen Schmelzpunkt von etwa 660° C (930 K), die der Aluminiumlegierungen liegen zum Teil darunter. Da aber die verwendbaren Lote Schmelztemperaturen von etwa 580° C (850 K) haben, liegt die Arbeitstemperatur nahe am Schmelzpunkt des Werkstücks. Bei der kleinsten Unaufmerksamkeit ist das zu lötende Teil angeschmolzen. Es können, sollen Bleche oder Rohre gelötet werden, Löcher entstehen.

Das Erkennen von Temperaturen an Glühfarben wie beispielsweise beim Stahl ist nicht möglich, da Aluminium solche Farben nicht zeigt. Das Alu-Löten ist somit nur unter größter Vorsicht durchführbar und sollte erst nach vorausgegangenen Übungen mit Metallresten am Werkstück erfolgen. Sonst geht das Hartlöten von Aluminium wie bei den Schwermetallen vor sich. Nach dem Lötvorgang sind Flußmittelrückstände nach Herstellerangaben restlos zu entfernen, da sie Korrosionen hervorrufen können. Normal geschieht das mit warmem Wasser, in hartnäckigen Fällen hilft 10 % Salpetersäure.

Das Schweißen

Auf einer Straßenbaustelle beginnt ein Monteur eine Schweißarbeit an einem Rohr. Er zündet den Schweißbrenner an, greift sich einen Schweißdraht, schiebt die Brille mit den dunklen Gläsern über die Augen und läßt nach einigen Sekunden die Funken sprühen. Schnell sammeln sich Passanten und bestaunen den Mann, der eine Arbeitstechnik ausführt, die nur wenige beherrschen. Eine Arbeitstechnik jedoch, die aus unserem Industrie- und Handwerksleben nicht mehr wegzudenken ist. Aber auch der vielseitige Heimwerker und besonders der, der sich dem Werkstoff Metall verschrieben hat, kann ein Schweißgerät haben und das Schweißen erlernen. Ob autogen oder elektrisch, das ist egal.

Das Fügeverfahren Schweißen ist im Grundprinzip in allen Varianten gleich: Beim Verbinden von zwei Werkstücken werden die Fügestellen verflüssigt, ein flüssiger Zusatzwerkstoff füllt den Zwischenraum aus. Die drei Werkstoffe (zweimal Werkstoff, einmal Zusatzstoff) müssen gleich oder mindestens artverwandt sein. Dies im Gegensatz zum Löten. Aus der Verflüssigung von Werkstück und Zusatzstoff ergibt sich somit, daß die Schmelztemperaturen aller in einer Naht zu verarbeitenden Werkstoffe gleich oder in etwa gleich sein müssen. Wie schon an anderer Stelle erwähnt, ist es oft nicht einfach zu unterscheiden, ob eine Lötung oder eine Schweißung vorliegt. In den Grenzgebieten der Aluminium-Hartlötung treten bei Überschreitung der Arbeitstemperaturen sicher oft Schweißungen auf. So ist in diesem Bereich der Übergang vom Hartlöten zum Schweißen zu suchen.

Das Schweißen in all seinen Formen und Gruppierungen ist ein großes, äußerst umfangreiches Gebiet, das im ganzen gesehen den Umfang und den Sinn dieses Buches sprengen würde. So sollen in der Hauptsache die Schweißverfahren dargestellt werden, die der Heimwerker und der kleinere Handwerksbetrieb im Prinzip anwenden kann. Für Spezialisten und der Kenntniserweiterung wegen soll aber der Übergang zu den hochwertigen Schweißarbeiten mit behandelt werden.

Zwei Hauptgruppen werden hier unterschieden:

Das Autogenschweißen und das Elektroschweißen. Die optimal ausgestattete Heimwerkstatt ist sowohl mit einem Autogen- wie auch mit einem Elektroschweißgerät ausgerüstet. Es wird noch zu untersuchen sein, welchem Prinzip der Vorrang zu geben ist, wenn nur eine Richtung genutzt werden soll. Der unmittelbare Übergang vom Löten zum Schweißen ist vom Gerät her gesehen der Schweißbrenner, mit dem hartgelötet wie auch autogen geschweißt werden kann. Da der Schweißbrenner nebenher auch noch zum Erwärmen von Metallen Verwendung findet, ist mit Sicherheit die Anschaffung eines Autogenschweißgerätes vorteilhaft, obwohl das Autogenschweißen nicht ganz leicht zu erlernen ist. Wer die Anleitung in diesem Buch für nicht ausreichend hält, sollte sich an seinem Wohnort beziehungsweise in der nächstgrößeren Stadt zu einem Schweißkurs anmelden. Dies dann nicht nur hinsichtlich des Autogen- und Elektroschweißens, sondern auch des Lötens.
Durch Schweißen werden die haltbarsten unlösbaren Verbindungen hergestellt. Die einwandfreie Schweißnaht unterscheidet sich im Verhalten nicht zu den Nachbarwerkstoffen. Kräfte werden einwandfrei übertragen, beim Bruch darf sich die Schweißnaht vom Grundwerkstoff nie lösen. Je nach Stärke und Ausführung von Naht und Material treten etwaige Brüche im Werkstück oder mittig in der Naht auf.
Werkstoffeinsparungen, Zeitgewinn in Konstruktion, Ausführung, Wartung und Reparatur sind weitere hervorragende Merkmale dieser Technik. Das Handwerk und die Industrie verwenden das Schweißen im großen Stile. Alle anderen Verbindungstechniken sind in der Regel die Ausnahme. Besonders Industriebetriebe, die unter dem Druck inländischer und ausländischer Konkurrenz stehen, wenden viel auf, um immer neue Schweißverfahren zu entwickeln. Handschweißungen, ob autogen oder elektrisch, werden automatisiert und somit von Maschinen in immer gleichbleibender Qualität ausgeführt.

60 Schweißnaht in Klebetechnik.

Autogenes Schweißen

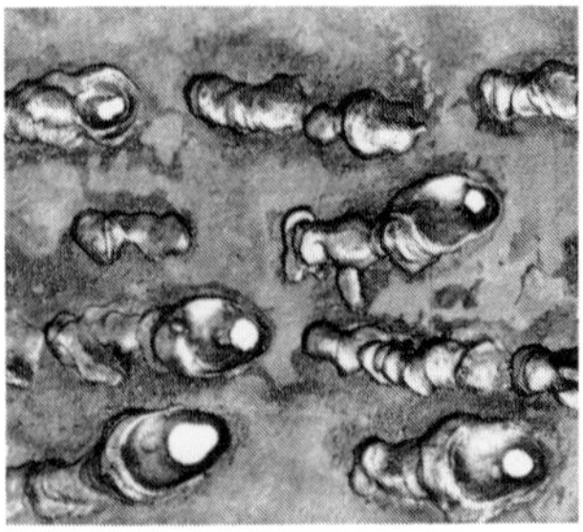

61 *Aller Anfang ist schwer!*

Das Autogenschweißen, vielerorts auch unter dem Begriff Gasschweißen bekannt, ist in der Heimwerkstatt ein vielseitig anwendbares Arbeitsverfahren. Die erforderlichen Geräte sind auch zum Hartlöten, Brennschneiden, Richten und Anwärmen zu nutzen. Grundlage für die hier angestellten Betrachtungen soll das Gasschweißen von Stahl sein. Stahl läßt sich relativ gut verschweißen, es müssen keine Flußmittel eingesetzt werden, zudem ist Stahl billig, was besonders im Anfangsstadium des Lernens wichtig ist. Denn bekanntlich fallen die Meister ja nicht vom Himmel, so manches Übungswerkstück (s. Abb.61) sah vor dem Angriff des Schweißers mit Flamme und Schweißdraht wirklich besser aus.

Die zum Verflüssigen der Werkstoffränder in der Schweißnaht und des Schweißzusatzes (Schweißdraht) erforderliche Wärme wird aus einem brennbaren Gas und Sauerstoff erzeugt. Als Brenngase stehen in der Hauptsache Acetylen, Propan, Butan und Wasserstoff zur Verfügung, wobei sich aber Acetylen allgemein durchgesetzt hat. Es ist preiswert, leicht herstellbar, hat den höchsten Heizwert und entwickelt somit von den alternativen Brenngasen die größte Temperatur. Zum Erreichen der erforderlichen Temperatur reicht der Luftsauerstoff nicht mehr aus, so muß etwa 1 Volumenteil auf Flaschen gefüllter Sauerstoff zugegeben werden. Zum vollständigen Ausbrand benötigt 1 Volumenteil Acetylen 2,5 Volumenteile Sauerstoff, 1,5 Volumenteile werden somit der Luft entnommen. Die sich dabei einstellende Flamme bezeichnet man als neutral. Die Darstellung in Abbildung 62 zeigt Temperaturverlauf und Brennverhalten einer neutralen Acetylen-Sauerstoff-Flamme.

Die Schweißzone der Flamme befindet sich unmittelbar vor dem sich einstellenden weißen Kegel. Dieser Kegel darf das Schmelzbad jedoch nicht berühren, da der an dieser Stelle vorhandene Sauerstoff nur zum teilweisen Ausbrennen des Acetylens ausreicht. Das überschüssige

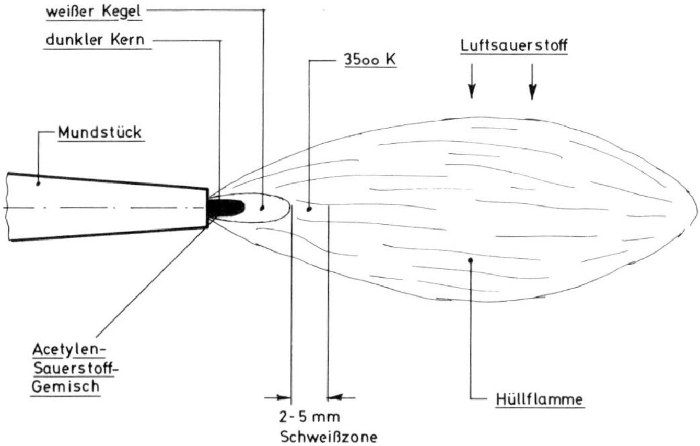

62 Bezeichnungen und Zustände an der Acetylen-Sauerstoffflamme.

Brenngas hat nämlich das Bestreben weiter zu brennen, so nimmt es gierig aus der nächsten Umgebung Sauerstoff auf. In der Regel ist dies die Raumluft. Im genannten Fall jedoch auch das Werkstück, das damit unbrauchbar wird.

Die unter Hinzuzug von Sauerstoff aus der Raumluft weiter brennende Flamme, auch als Hüllflamme bezeichnet, hüllt die Schweißnaht ein und verhindert so auf ganz natürliche Weise eine Sauerstoffoxydation auf der frischen Schweißnaht.

Eine einwandfreie Schweißnaht an Stahl wird nur mit der neutral eingestellten Flamme erreicht. Je nach eingestelltem Sauerstoffdruck kann die Flamme weich oder hart sein, an ihrer Neutralität ändert sich jedoch nichts.

Die Abbildung 63 zeigt verschieden eingestellte Flammen. Je nach auszuführender Arbeit ist eine andere Einstellung erforderlich.

Die in der Heimwerkstatt anstehenden Arbeiten an Werkstücken von zumeist geringer Wandstärke erfordern die weiche, neutrale Flamme. Sind dickere Bleche zu verschweißen, kann die Flamme hart eingestellt sein, das heißt mit einem angehobenen Sauerstoffdruck.

Auch die sonst verpönte Flamme mit Sauerstoffüberschuß, erkennbar an dem kürzer und bläulich werdenden Kegel, hat ihr Einsatzgebiet. Messingschweißen, Richten,

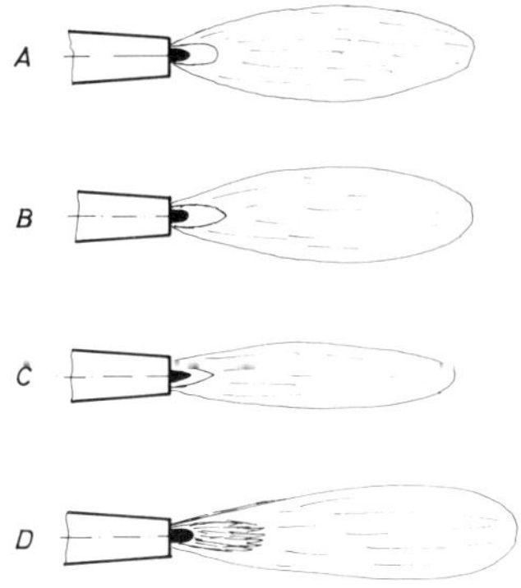

63 A = weiche neutrale Flamme, B = harte neutrale Flamme, C = Flamme mit Sauerstoffüberschuß, D = Flamme mit Acetylenüberschuß.

Härten und Wärmen müssen nicht, aber können so durchgeführt werden, die Flamme ist heißer, die Arbeit geht schneller von der Hand.
Verbleibt noch die Acetylenüberschußflamme, bei der der Kegel zerrupft und gelblich aussieht, es ist nicht genügend Sauerstoff vorhanden. Die Verbrennung ist nicht vollständig und somit Kohlenstoff in der Flamme enthalten. Eine Schweißnaht an kohlenstoffarmem (also normalem) Stahl würde durch die Kohlenstoffanreicherung spröde. Zum Schweißen von Gußeisen ist sie jedoch geeignet.
Bei defektem oder ungenau arbeitendem Schweißgerät kann sich die Flamme während des Schweißvorgangs verstellen. Eine laufende Flammenüberwachung ist deshalb erforderlich.

64 Autogenschweißgerät, links: Acetylenflasche – rechts: Sauerstoffflasche.

Autogen-Schweißgerät

Von Sonderkonstruktionen abgesehen, ist für den Normalgebrauch nur das in den Abbildungen 64 bis 66 gezeigte Autogen-Schweißgerät gebräuchlich. Als Einheit betrachtet, besteht das funktionsfähige Gerät aus den Gasflaschen (Brenngas und Sauerstoff), den Manometern, dem Griffstück mit den verschiedenen Brennereinsätzen und aus den Verbindungsschläuchen.

65 Komplettes tragbares Schweiß- gerät, zur Montage besonders gut geeignet.

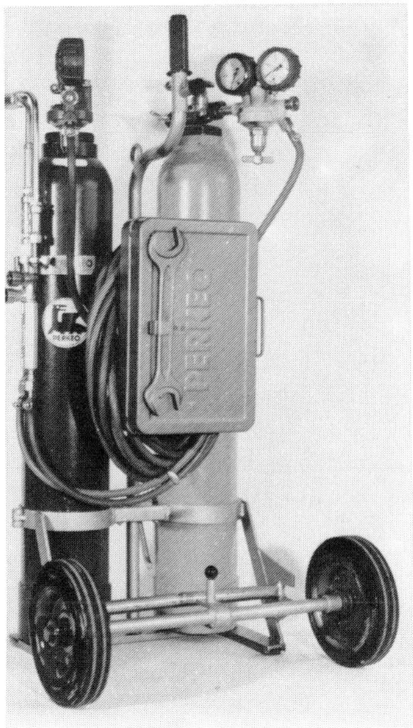

66 Komplettes fahrbares Schweiß- gerät für Werkstattarbeiten (rechts).

Aus Gründen der Übersichtlichkeit soll das komplette Gerät in der Reihenfolge der vorangegangenen Aufzählungen beschrieben werden.

Gasflaschen

In den letzten Jahren hat sich für den Kleinverbrauch an Acetylen auch die auf Flaschen gefüllte Form durchgesetzt. Vielerorts ist es sicher noch üblich, unter Zuhilfenahme eines Acetylen-Entwicklers aus Calziumcarbid und Wasser Acetylengas herzustellen. Unter Berücksichtigung der Anschaffungskosten für den Entwickler, Carbidlagerhaltung und Schwierigkeiten bei der späteren Kalkschlammbeseitigung ist das Flaschengas insgesamt einfacher in der Handhabung. Hinzu kommt noch, daß sich der einzelne nicht unbedingt Flaschen kaufen muß, sie werden nämlich von den Brenngas- und Sauerstoffwerken bei Bedarf ausgeliehen. In der Regel sind zu-

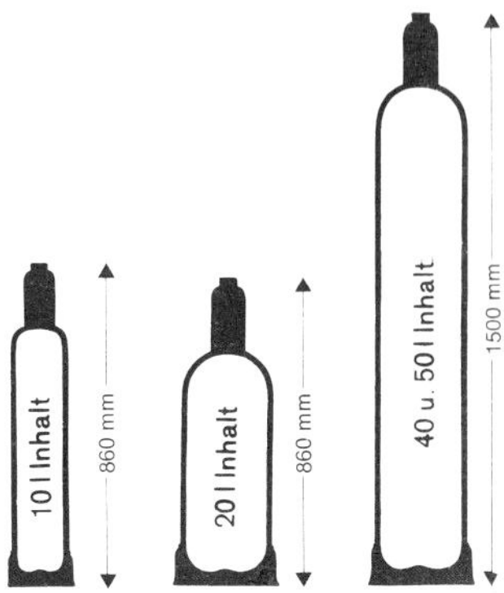

67 Brenngas- und Sauerstoff- flaschen.

nächst einige Wochen mietfrei, später wird dann ein täglicher Mietzins berechnet. Manchmal ist es üblich, besonders wenn man dem Händler fremd ist, daß ein Pfandbetrag gefordert wird. So sollte je nach Benutzungsdauer und benötigter Gasmenge überlegt werden, ob derartige Flaschen als Eigentum erworben werden sollten. Der Preis für die Gasfüllung ist in beiden Fällen gleich. Brenngas- und Sauerstoff-Flaschen sind in verschiedenen Größen im Handel. 10-, 20- und 40-Literflaschen stehen zur Wahl. Für die normale Heimwerkstatt haben sich die 10-Liter-Brenngasflasche zusammen mit der 20-Liter-Sauerstoffflasche bewährt. Wird wenig mit dem Schneidbrenner gearbeitet, so reicht auch die 10-Liter-Sauerstoffflasche. Die Schweißflaschen dürfen nicht übermäßiger Wärme ausgesetzt werden, auch nicht der Sonne, da Explosionsgefahr besteht. Besonders die Acetylengasflasche ist stehend, wenigstens jedoch in Schrägstellung zu benutzen. Eine Vorrichtung an der Wand mit Ketten oder Rundstahlbügel sichern die Flaschen vor dem Umstürzen, »Unfallgefahr!« Auch die Druckminderer können bei einem Sturz abbrechen.

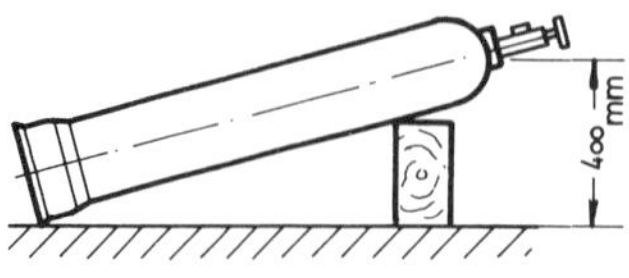

68 Um das Auslaufen des Acetons zu verhindern, muß die Acetylenflasche zumindest in Schräglage benutzt werden.

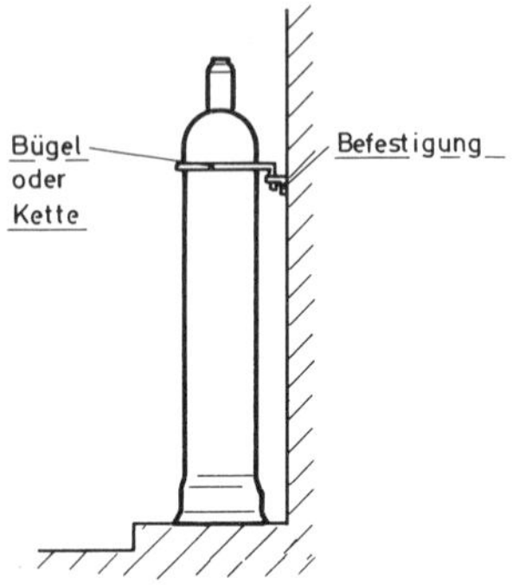

69 Stehende Flaschen stets sichern!

Die Acetylengasflasche

Die Acetylenflasche ist äußerlich an der gelben Kennzeichnung beziehungsweise dem gelben Anstrich erkennbar. Der Druckminderer wird mittels Bügelverschluß an der Flasche befestigt. Die Flasche selbst ist mit einer porösen Masse gefüllt, die mit Aceton durchsetzt wird. Das Aceton bindet das Acetylen. Eine 40-Liter-Flasche kann etwa 6 kg Acetylen bei einem Druck von 15 bar aufnehmen. Diese 6 kg entsprechen ungefähr 5 m^3 Acetylen-Brenngas. Da die Aufnahmefähigkeit des Acetons mit dem Druck steigt, ist ein Rückschluß aus der Druckanzeige auf den m^3-Inhalt nicht gegeben. Eine überschlägliche Inhaltsbestimmung ist nur über die gleichzeitig in Betrieb genommene Sauerstoffflasche möglich.
Das im Aceton gebundene Acetylengas wird wieder frei, wenn durch eine Druckabsenkung (Öffnen des Ventils am Griffrohr) die Aufnahmemöglichkeit des Acetons herabgesetzt wird.

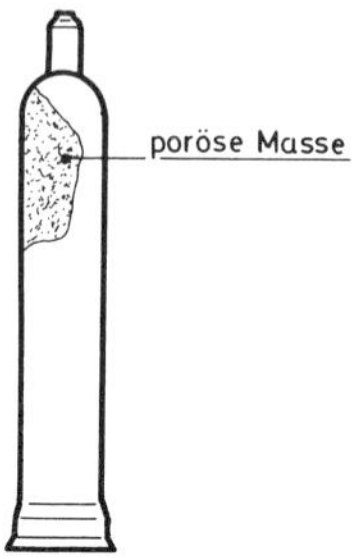

70 Die Acetylenflasche hat ein poröses Innenleben.

Die Sauerstoffflasche

Die Sauerstoffflasche hat eine blaue Kennzeichnung oder ist blau gestrichen. Der Druckmindererventilanschluß ist als $^3/_4$"-Rechtsgewinde ausgeführt. Im Gegensatz zur Acetylenflasche hat die Sauerstoffflasche keine Füllung. Der Sauerstoff wird in der Regel unter 150 bar auf die Flasche gefüllt. Die 40-Liter-Flasche kann somit 40 l × 150 = 6000 l = 6 m^3 Sauerstoff aufnehmen. Bei Sauerstoff besteht nun eine echte Beziehung zwischen Druck und Inhalt, da bei Gasen das Produkt aus Druck und Inhalt (Volumen) immer gleich bleibt. Voraussetzung ist eine Druckmessung bei gleicher Temperatur, da ja bei steigender Temperatur auch der Druck in der geschlossenen Flasche ansteigt.

Beispiel: Nach einer Schweißarbeit zeigt das Manometer einen Druck von 110 bar an. Es sind also noch 40 l × 110 = 4400 l Sauerstoff in der Flasche enthalten und somit 6000 l − 4400 l = 1600 l verbraucht worden.

Temperaturunterschiede bei den einzelnen Messungen sind in Anbetracht der relativ groben Druckanzeige unerheblich.

Wie schon festgestellt, benötigt die neutral eingestellte Schweißflamme zum Verbrennen von 1 m^3 Acetylen auch 1 m^3 Sauerstoff aus der Flasche. Somit kann der Grad der Leerung einer Acetylenflasche an der Sauerstoffflasche gemessen werden.

Die Druckminderer

Die auf Flaschen gefüllten Gase stehen unter relativ hohen Drucken, 15 bis 18 bar bei Acetylen, 150 bis 200 bar bei Sauerstoff. Unter diesen Bedingungen können die Gase nicht benutzt werden. Die genannten hohen Drücke sind auf die erforderlichen Normalzustände zu reduzieren, Acetylen unter 1,5 bar, Sauerstoff je nach dem auf der Brennerspitze angegebenen Wert, im Mittel etwa 2,5 bar.

Ein Druckminderer besitzt zwei Manometer: das eine zeigt den Druck der Flasche an und das zweite den eingestellten Arbeitsdruck. Druckminderer für die verschie-

71 Acetylendruckminderer: A = Bügelanschluß, B = Manometer für Flaschendruck, C = Manometer für Arbeitsdruck, D = Absperrventil, E = Schlauchnippel, F = Einstellschraube für Arbeitsdruck.

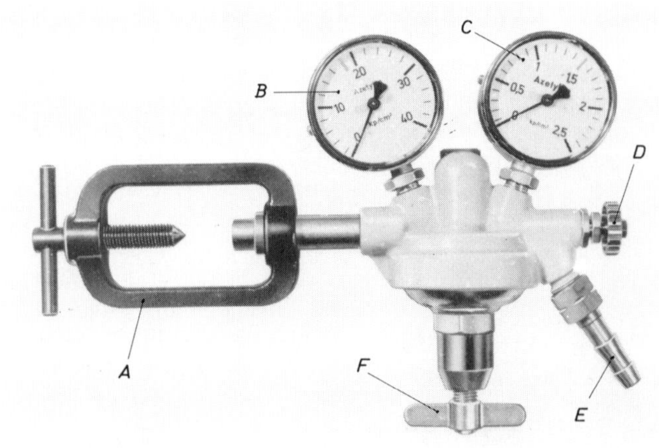

denen Gase sind mit unterschiedlichen Anschlußmöglichkeiten versehen, um mutwilliges oder irrtümliches Vertauschen zu verhindern. Eine Verwechslung könnte zum Beispiel infolge Knallgasbildung zu Explosionen und Unfällen führen. In Abbildung 71 ist ein Acetylen-Gasdruckminderer dargestellt. Deutlich ist die Bügelverschraubung zur Befestigung an der Flasche zu erkennen.

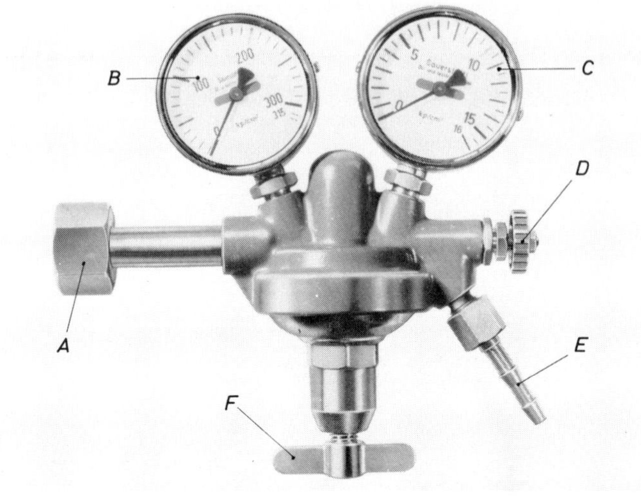

72 Sauerstoffdruckminderer: A = Schraubanschluß $^{3}/_{4}$", sonst wie Bild 71.

Dies im Gegensatz zu der Überwurfmutter $^{3}/_{4}''$ des Sauerstoff-Druckminderers in Abbildung 72. Weitere Unterscheidungsmerkmale sind durch die ungleich ausgeführten Schlauchanschlüsse gegeben. Der Anschluß am Acetylen-Druckminderer ist in der Dimension stärker und hat eine geschlitzte Überwurfmutter mit Linksgewinde. Der Schlauchanschluß des Sauerstoff-Druckminderers ist dünner, die glatte Überwurfmutter hat Rechtsgewinde.
Das dem Flaschenanschluß zugeordnete Manometer zeigt den Flaschendruck nach dem Öffnen des Flaschenventils an. An dem dem Schlauch zugeordneten Manometer kann der Arbeitsdruck abgelesen werden. Dieser Druck ist mit der Einstellschraube auf die erforderliche Höhe zu bringen. Manometer, besonders Sauerstoffmanometer, dürfen nicht geölt werden (Feuergefahr). Werkzeuge in Form von Zange oder Hammer sind gefährliche Utensilien, die Unfälle verursachen können. Mit Ausnahme der Überwurfmuttern an den Schlauchtüllen sowie der Anschlußmutter des Sauerstoffdruckminderers, die mit exakt passendem Schraubenschlüssel leicht angezogen werden, sind alle anderen Schrauben und Ventile nur mit der Hand zu betätigen. Defekte oder schwer bewegliche Druckminderer oder Flaschenventile müssen unverzüglich instandgesetzt werden.

Der Schweißbrenner

Die eigentliche Schweißarbeit wird mit dem Schweißbrenner ausgeführt, der aus dem Griffrohr, auch Handstück genannt, und dem Brennereinsatz besteht. Heute wird überwiegend der Injektorbrenner (Saugbrenner) benutzt. Der Sauerstoff strömt mit einem Überdruck von im Mittel 2,5 bar durch eine Injektordüse in einen relativ großen Raum. Dadurch entsteht hier ein Unterdruck, der das Acetylen veranlaßt, durch die sogenannte Ringdüse in diesen Unterdruckraum einzuströmen. Die Ringdüse bewirkt, daß Acetylen und Sauerstoff im nachgeschalteten Mischrohr intensiv gemischt werden.
Das Mischgas wird am Ende des Schweißeinsatzes (Brennereinsatz) am Mundstück gezündet. Die Bohrung im Mundstück ist auf die Einsatzgröße abgestimmt und

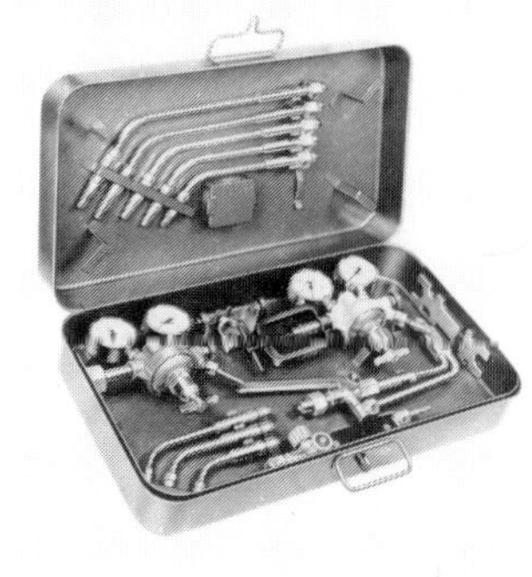

73 Komplettes Autogenschweißgerät im Tragekasten.

74 Brennergriffstück: A = Absperrventil für Brenngas, B = Absperrventil für Sauerstoff, C = Anschlußmutter für Brenner, D = Schlauchnippel für Brenngas, E = Schlauchnippel für Sauerstoff.

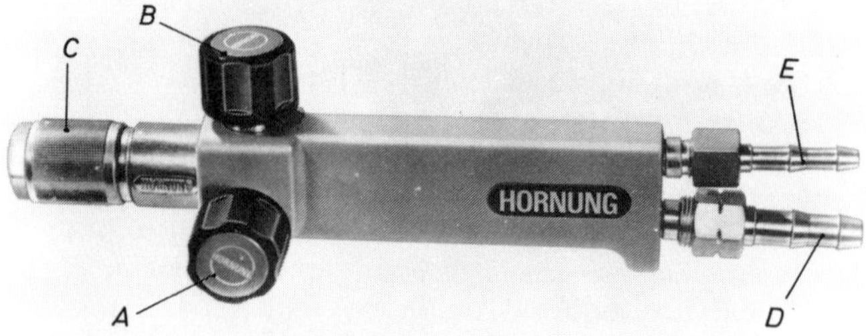

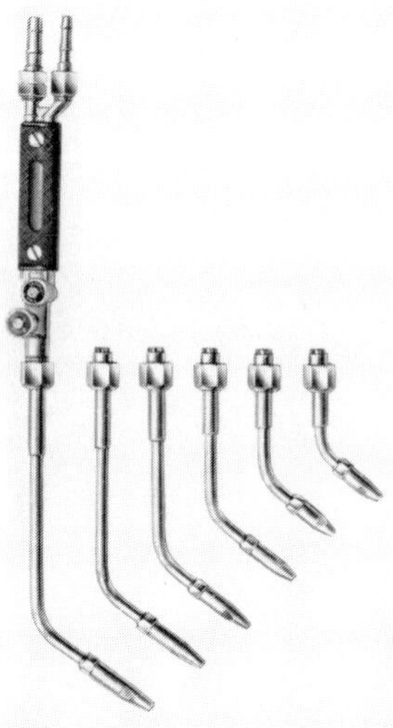

75 Schweißbrenner mit verschiedenen Schweißeinsätzen.

darf deshalb nicht verändert werden. Ist sie durch Metallspritzer oder Schmutz verstopft, wird eine Reinigung erforderlich. Das Säubern darf jedoch nur mit den speziellen Düsenreinigern vorgenommen werden. Keinesfalls sind Drähte, Drahtbürsten, Holzstücke oder gar Spiralbohrer dabei zu verwenden, weil das Mundstück durch sie beschädigt werden würde und es zu Störungen im Betrieb käme.

Ein Schweißbrenner im Betrieb ist bereits starken Belastungen ausgesetzt, darum ist es äußerst wichtig, ihn stets sorgfältig zu pflegen.

Das Griffstück ist mit je einem Absperrventil für Gas und Sauerstoff ausgestattet, an denen das gewünschte Flammenbild eingestellt wird.

Ein kompletter Schweißbrennersatz ist im Regelfall mit sechs oder acht Einsätzen nach Tabelle 6 ausgestattet. Die Von-bis-Zahlen – sie sind neben dem einzustellenden Sauerstoff am Schaft des Brennereinsatzes eingeprägt – haben eine zweifache Bedeutung. Zunächst geben sie die Stahlblechstärke in Millimeter an, die mit dem jeweiligen Einsatz geschweißt werden kann. Außerdem kann nach diesen Zahlen der Sauerstoff- beziehungsweise Acetylenverbrauch bestimmt werden. Dazu ist der Mittelwert der beiden Zahlen zu bilden und mit 100 zu multiplizieren. Das Resultat ergibt den Gasverbrauch in der Stunde.

Beispiel: Einsatz 2 bis 4 mm

Mittelwert $\frac{2+4}{2} = 3$

multipliziert mit 100

$3 \times 100 = 300$

Sauerstoff- bzw. Acetylenverbrauch = 300 l/h.

76 Biegbare Brennereinsätze erleichtern Schweißarbeiten in Zwangslage.

Das nicht einwandfreie Funktionieren des Schweißbrenners kann verschiedene Ursachen haben. Im Extremfall können die Schläuche explodieren. Es kann Sauerstoff in den Acetylenschlauch eindringen, wenn der Schweißeinsatz nicht richtig dichtend mit dem Griffstück verbunden ist, oder auch, wenn das Mundstück verschmutzt ist. Schlägt jetzt die Flamme zurück, was wegen der unzureichenden Ausströmgeschwindigkeit am Mundstück leicht passieren kann, entzündet sich das Knallgasgemisch im Acetylenschlauch und zerreißt diesen. Saubere Schweißeinsätze, richtige Mundstückbohrungen, exakt eingestellte Gasdrücke und einwandfreie Dichtungen gewährleisten einen störungsfreien Betrieb.
Für Schweißarbeiten an schlecht zugänglichen Stellen sind biegsame Schweißeinsätze im Handel. Sie werden je nach Schweißstelle unterschiedlich gebogen verwendet. Bei Werkstattarbeiten ist der Gebrauch derartiger Einsätze kaum notwendig, bei der Rohrinstallation jedoch oft erforderlich.

Schläuche

Die schon verschiedentlich erwähnten Gasschläuche verbinden die Gasflaschen beziehungsweise Druckminderer und den Schweißbrenner miteinander. Sie transportieren das Acetylen beziehungsweise den Sauerstoff an den »Tatort«. Die relativ weichen und anfälligen Gummischläuche unterliegen besonders starken mechanischen Beanspruchungen. Spitze Metallteile, glühende Schlacke und sonstige Baustoffe sind nur einige von vielen Zerstörern. Es ist, um Überraschungen zu vermeiden, daher ratsam, die Schläuche besonders gut zu pflegen und aufzubewahren.

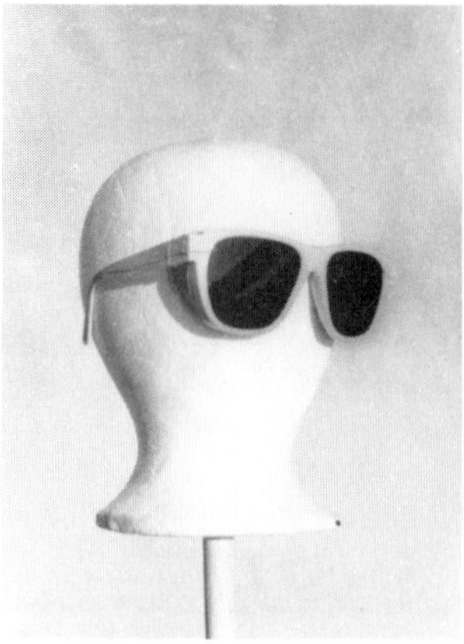

77 Auch beim Autogenschweißen sind die Augen durch dunkle Brillengläser zu schützen.

Wie alle zur Schweißausrüstung gehörenden Teile sind auch die Schläuche so gestaltet, daß bei der Montage eine Verwechslung kaum möglich ist. Der Acetylenschlauch ist rot, der Sauerstoffschlauch blau. Der Schlauch für Sauerstoff ist in seinen Innen- und Außenabmessungen (lichte Weite 6 mm) dünner als der Acetylenschlauch (lichte Weite 9 mm). An den Verbindungsstellen am Druckminderer und am Griffstück ist die Befestigung mit Schlauchschellen unbedingt zu empfehlen. Bei besonders langen Schläuchen sind im Abstand von einigen Metern Doppelschlauchschellen anzubringen.
Da Schweißplatz und Flaschenaufstellort aus Sicherheitsgründen möglichst 5 m Abstand haben sollten, sollten die Schläuche mindestens 10 Meter lang sein.
Acetylenschläuche dürfen mit Kupferrohren nicht verlängert werden, weil sich Acetylen an Grünspan entzünden kann.

Sonstige Schweißausrüstung

Als Zubehörteile gehören zum autogenen Schweißen noch eine dunkle Brille, Schutzstufe 4, Gasanzünder und ein Mehrfachschraubenschlüssel. Sollen an einen Druckminderer zwei Brenner angeschlossen werden, so sind Abzweigventile gemäß Abbildung 78 einzusetzen.

78 Verteilventil für Sauerstoff.

Tabelle 6

Schweißeinsatz Größe	Stahlblech-Dicke (mm)
1	0,5 bis 1
2	1 bis 2
3	2 bis 4
4	4 bis 6
5	6 bis 9
6	9 bis 14
7	14 bis 20
8	20 bis 30

Schweißzusatz

In aller Regel sind zum Schweißen von Metallen Schweißzusatzwerkstoffe erforderlich, die den Spalt zwischen den Werkstücken schließen. Diese Zusatzwerkstoffe müssen dem Grundwerkstoff gleich, zumindest jedoch ähnlich seir.. Außer bei Stahl und Kupfer sind zusätzlich Flußmittel zu verwenden.
Die Schweißstäbe für das Verbindungsschweißen von Stahl sind nach DIN 8554 genormt und in Klassen eingeteilt. Der Heimwerker wird für seine Arbeiten in der Hauptsache Stäbe der Klasse I und II verwenden, die für die Stähle St 34, St 37 und St 42 geeignet sind. Die Zusatzbezeichnung mit dem Buchstaben G kennzeichnet das Material als Gasschweißstab. Die Schweißstäbe sind im allgemeinen 1 Meter lang, haben je nach Blechstärke einen Durchmesser von 1 bis 8 mm und sind aus Korrosionsschutzgründen leicht verkupfert. Dem Laien erscheinen diese Drähte deshalb oft als aus Kupfer bestehend.
Schweißzusatzwerkstoffe und Flußmittel für Nichteisenmetalle (NE-Metalle) sind für den Heimwerker gewöhnlich nicht leicht zu beschaffen. Do it yourself-Märkte werden im Höchstfall Schweißstäbe für Stahl führen. Der interessierte Heimwerker muß also entsprechende Schweißfachgeschäfte aufsuchen. Für jedes Metall gibt es heute ausgezeichnete Schweißstoffe, ob eine Schweißung gelingt, liegt somit in der Hauptsache beim Schweißer. Erst wenn das Gasschweißen an Stahl in allen Positionen beherrscht wird, sollte man sich an NE-Metallen versuchen.

Brennschneiden

Das autogene Brennschneiden ist sicher ein Arbeitsverfahren, das dem Schweißen entgegengesetzt wirkt. Es verbindet nämlich nicht, sondern trennt Metalle. Trotzdem muß es aber im Rahmen dieses Buches beschrieben werden, da mit dem Schneidbrenner vorbereitende Arbeiten ausgeführt werden.
Dickere Bleche können vom Heimwerker nur mit dem

79 Brennschneidarbeiten an einem Stahlblech.

80 Das Ausbrennen von Formen ist mit dem Schneidbrenner verhältnismäßig einfach.

Schneidbrenner getrennt und zugerichtet werden, zum Beispiel um entsprechende Konstruktionen zu erstellen. Auch zum Herrichten der Schweißnähte, egal, ob autogen oder elektrisch geschweißt werden soll, ist oft der Schneidbrenner einzusetzen. Schneidbrenner bieten überdies den Vorteil, daß die verschiedenartigsten Formen, zum Beispiel aus einem Blech, herausgebrannt werden können.

Das normale Schweißbrennergriffstück ist infolge Bestückung mit einem Schneidbrennereinsatz schnell zum Schneidbrenner umgerüstet. Zum Fugenhobeln kann der Schneidbrenner mit besonderen Schneiddüsen versehen werden.

Von Fabrikat zu Fabrikat ist die Durchführung des Brennschneidprinzips in bezug auf die Düsenanordnung leicht verschieden. Die Arbeitsweise ist jedoch immer gleich. Der Schneidbrenner unterscheidet sich durch eine zusätzliche Sauerstoffdüse am Mundstück vom Schweißbrenner. Aus dieser zusätzlichen Düse strömt nach Betä-

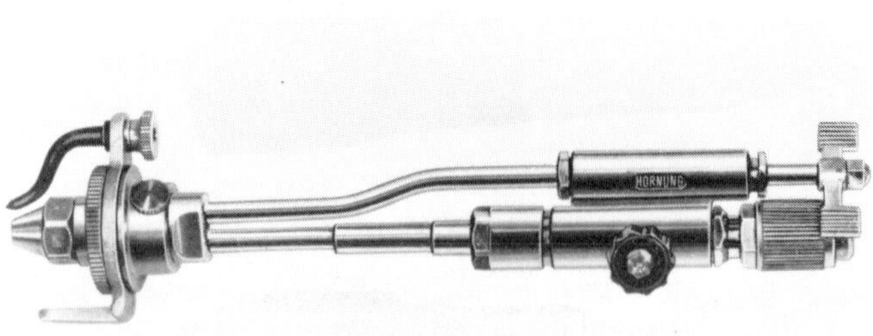

81 Schneidbrenner zum Ausschneiden von runden Löchern.

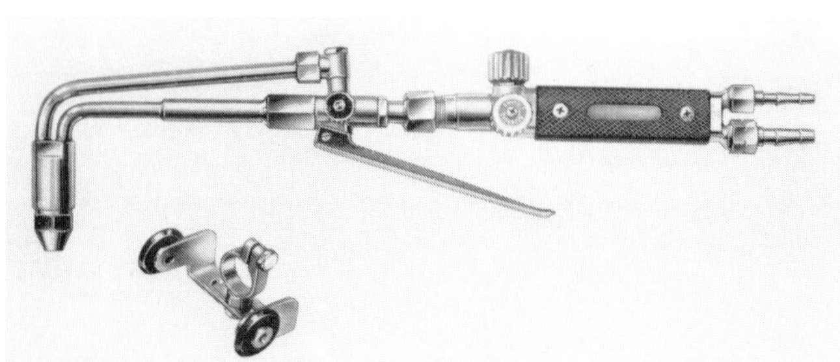

82 Brennergriffstück mit Schneidbrennereinsatz.

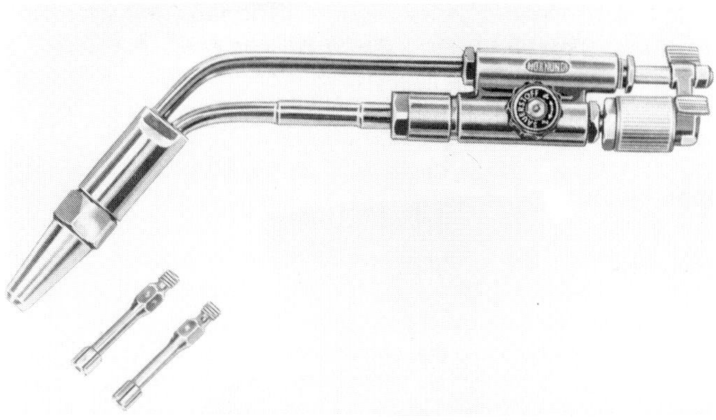

83 Schneidbrenner mit Hobeldüseneinsätzen.

tigung eines Hebelventils der Schneidsauerstoff aus. Auch beim Schneidbrenner ist das richtige Einstellen der Flamme Voraussetzung für eine gute Arbeit. Zuerst wird die Vorwärmflamme entzündet und eingestellt und dann zur Probe das Schneidsauerstoffventil geöffnet. Dabei darf die Flamme nicht ausgefranst wirken, sondern muß sauber und weiß bis leicht blau brennen. Der Brenner wird nun auf das zu trennende Material gehalten und an dieser Stelle so lange belassen, bis der Stahl rotglühend ist. Durch Betätigung des Ventils für den Schneidsauerstoff tritt dieser aus, verbrennt den Stahl und bläst gleichzeitig die Schlacke aus der Schnittfuge. Der Brenner wird langsam unter Beobachtung der stetigen Erwärmung des Materials in Schnittrichtung gezogen. Die Schnittgeschwindigkeit ist der Schneidtabelle des Herstellers des benutzten Gerätes zu entnehmen.

84 Riefenverlauf beim Brennschneiden: 1 = richtige Schneidgeschwindigkeit, 2 = zu langsam, 3 = zu schnell.

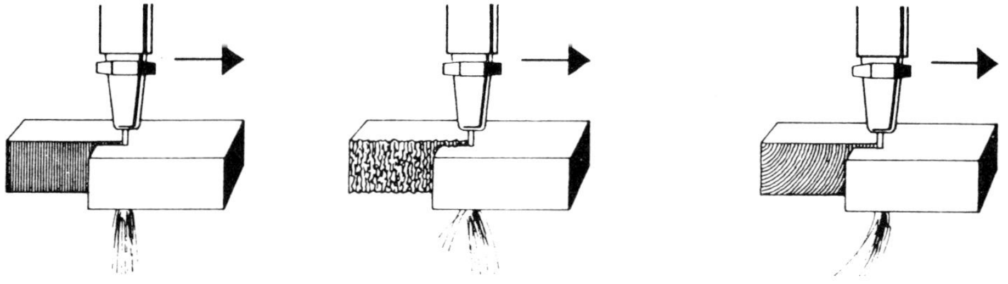

1 2 3

85 *Gerade Schnitte werden unter Zuhilfenahme eines Schneidwagens und einer Gleitschiene hergestellt.*

Unter Verwendung eines Schneidwagens, der eventuell an einer Schiene entlang gezogen werden kann, werden äußerst saubere Schnitte erzielt, die in der Regel nicht nachbehandelt werden müssen.

Anwendungen

Wer autogen schweißen kann, wird sich über mangelnde Arbeit nicht zu beklagen brauchen: In Haus und Hof fallen vielfältige Reparaturen oder Neuanfertigungen an, die durch diese Technik auszuführen und zu bewältigen sind. Ausgenommen sind Arbeiten an tragenden Teilen, Druckgefäßen und so weiter. Derartige Schweißarbeiten dürfen nur von geprüften Schweißern ausgeführt werden. Vor jeder Arbeit ist sorgfältig zu überlegen, ob bei Bruch der belasteten Schweißnaht Menschenleben gefährdet sind oder Unfälle verursacht werden können. Zäune, Gartenmöbel, Rohrleitungen, Kfz-Kotflügel, Mülltonnen, Haushaltsgeräte, Spielzeuge, Spielgeräte, Kunst- und Schmuckgegenstände sind nur wenige Beispiele aus der großen Anzahl der Möglichkeiten. Wer sich mit dem Gedanken befaßt, ein Schweißgerät zu kaufen, wird noch weitere maßgebliche Gründe kennen, um dies zu tun.

Vorbereiten des Werkstücks

Vor Beginn der Schweißarbeit ist das Werkstück, zumindest jedoch die Schweißnaht, von Schmutz, Farbe, Rost und Schlacken zu befreien. Bleche, Rohre, Stäbe usw. sind zu richten und in Schweißposition zu bringen. Die Schweißunterlage, am besten ein Schweißtisch, muß feuerbeständig sein.
Soll in einem Raum geschweißt werden, ist für ausreichende Be- und Entlüftung zu sorgen. In unbelüfteten Räumen kommt es bald zu Sauerstoffmangel, da ja die Schweißflamme der Raumluft eine große Menge Sauerstoff entnimmt.
Bei anspruchsvollen Schweißungen ist dem Schweißstoß besondere Aufmerksamkeit zu widmen. Der Schweißstoß ist der Bereich des Werkstücks, in dem die Teile zusam-

86 *Schweißtisch als feuerfeste Schweißunterlage.*

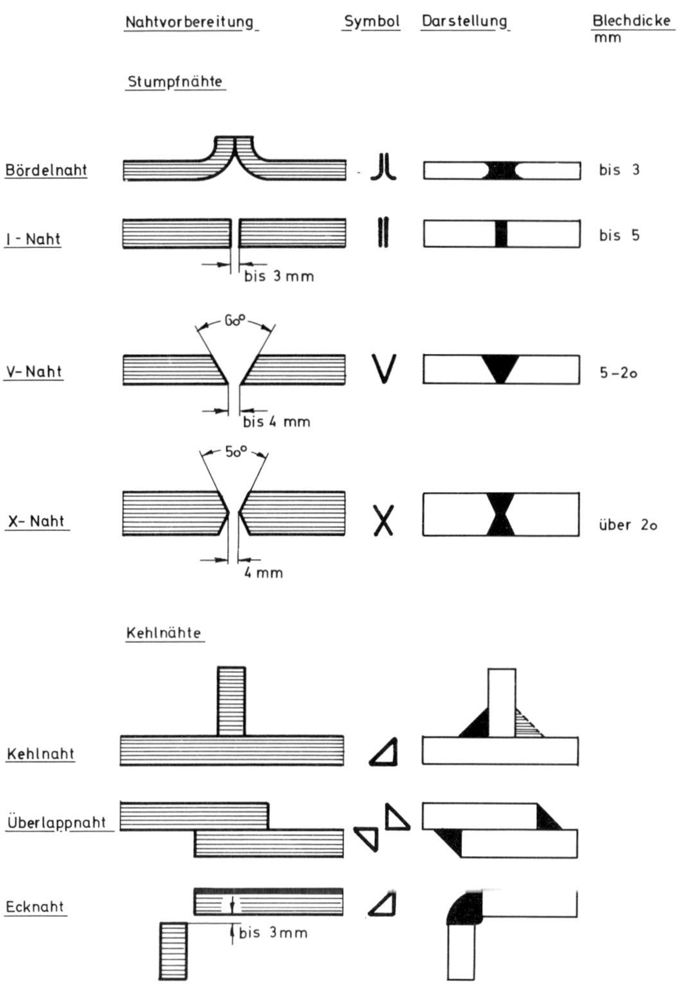

87

menstoßen und verschweißt werden. Wie sich die einzelnen Teile zuordnen, ist durch die Stoßart charakterisiert. Die einzelnen Stoßarten und Schweißnahtformen sind in der Abbildung 87 dargestellt.

In der Heimwerkstatt ist der Stumpfstoß als I-Naht die am meisten benutzte Schweißverbindung. Dies insbesondere in bezug auf die Autogen-Schweißung. Beim Elektro-Schweißen kann die Situation anders aussehen.
T- und Überlappstöße sind jedoch auch Nahtformen des täglichen Gebrauchs. Oft werden derartige Nähte gelegt, ohne sich dessen bewußt zu sein. Stumpfstöße als Stirn-, Bördel-, V- und X-Nähte haben in der Heimwerkstatt wenig Aussicht, oft verwirklicht zu werden, da es zumeist an geeigneten Werkzeugen und Maschinen fehlt, die Bleche beziehungsweise Werkstücke entsprechend zu bearbeiten. In der Regel stehen wohl Blech- beziehungsweise Tafelscheren, Schneidbrenner und Fugenhobel zur Verfügung. Die Anschaffung eines Fugenhobels ist bei Vorhandensein eines Autogenschweißgerätes zumeist eine lohnende Sache, insbesondere dann, wenn genügend größere Schweißarbeiten oft ausgeführt werden sollen. Sind Drehbank oder Hobelbank in der Werkstatt vorhanden, ist die Herstellung aller Nahtformen leicht möglich. Vor Beginn der Arbeit ist gründlich und nach strengem Maßstab zu überlegen, ob die vorgesehene Nahtform unbedingt erforderlich ist. Aufwendige Nahtformen kosten Zeit und Geld. Wenn auch beim Heimwerken meist mehr die Kostenersparnis berücksichtigt wird, sollte aber auch der Zeitaufwand nicht unbeachtet bleiben. Die Schweißnahtform ist häufig abhängig von der Materialdicke. So ist in die Schweißnahtüberlegungen auch die erforderliche Materialdicke mit einzubeziehen.

Ausführung

Nach den zuvor beschriebenen vorbereitenden Themen ist es jetzt an der Zeit, »Ernst zu machen«, obwohl noch einige weitere Kenntnisse in Handhabung und Nahtausführung zu vermitteln sind. Zunächst ist zwischen der Nachlinks- und der Nachrechtsschweißung zu unterscheiden. Unterschiede, die nur bei Kenntnis der Zusammenhänge auffallen, wenn man einen Schweißer beobachtet.

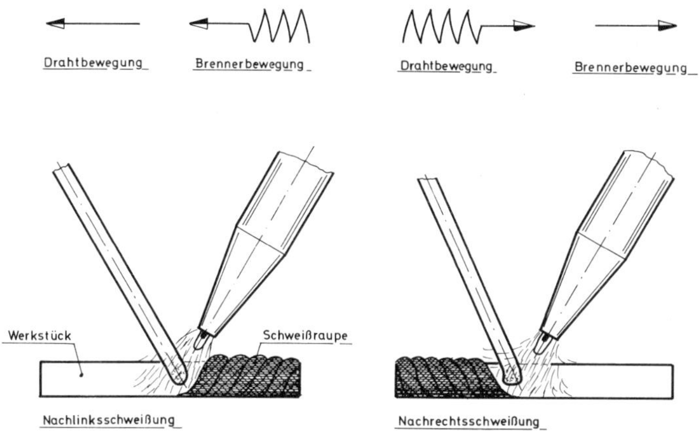

88 Schweißmethoden beim Autogenschweißen.

89 Geschmiedete Schweißnähte: die Schweißung war gut, die Nähte halten.

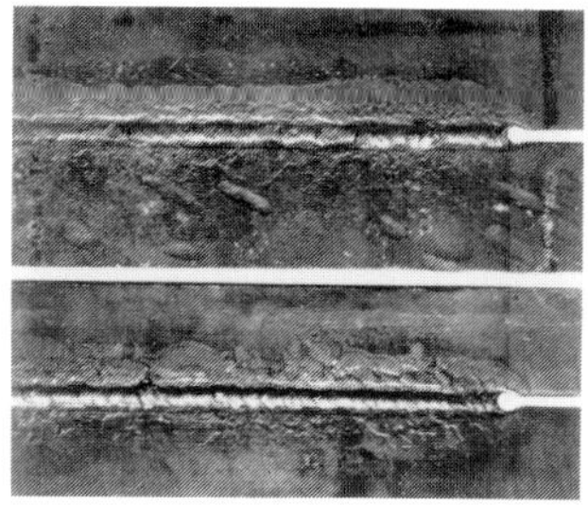

90 Durchgesacktes Schweißbad, schlechte Naht.

Ruhig, steil über der Naht und ohne Hektik werden Brenner und Draht geführt. Die Materialien werden anfangs nur einige Zehntelmillimeter voneinander entfernt, parallel zum Schweißenden gelegt.

Bis zum Erwärmen des Werkstücks soll sich auch der Schweißstab schon in der Nähe der Flamme befinden und so vorgewärmt werden. Während des Schweißvorgangs verläßt der Schweißstab zwar das Schmelzbad, nicht aber die Flamme. Verließe er die Flamme, würden sich sofort Metalloxyde an ihm bilden und beim Schweißvorgang in die Schweißnaht gelangen.

Ist nun das Material links und rechts der Naht in einen teigigen bis flüssigen Zustand übergeführt, wird der Schweißzusatzwerkstoff beigegeben. Durch die (hoffentlich) zuvor aufgesetzte Brille ist das Schweißbad zu beobachten, die Brennerhaltung erforderlichenfalls zu korrigieren, um eine gleichmäßige Erwärmung der Nahtflanken zu erzielen. Die sich ergebende Materialhäufung an der Schweißnaht nennt man die Schweißraupe. Sie sieht einer Raupe ja auch ähnlich. Eine elegant hingelegte Raupe ist allein jedoch noch kein Garant für eine gute Schweißnaht. Bis zur Wurzel gerade durchgeschweißt muß die gute Naht schon sein, nicht zuviel und nicht zuwenig.

91 Bad abgesackt, Wurzel nicht durchgeschweißt.

92 Da wurde nur die Oberfläche geschweißt.

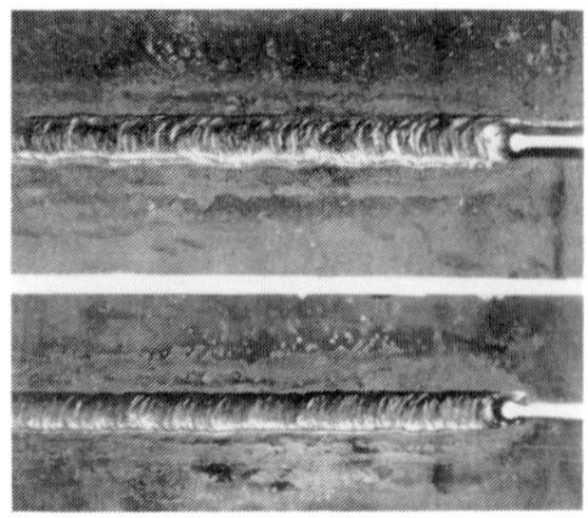

93 Einwandfreie Schweißnähte.

Die Abbildungen 89 bis 94 zeigen gute, schlechte und »bösartige« Nähte sowie auch Übungen nach der ersten Brennerzündung. Nur Übung macht den Meister, und Geduld ist des Schweißers erste Pflicht.

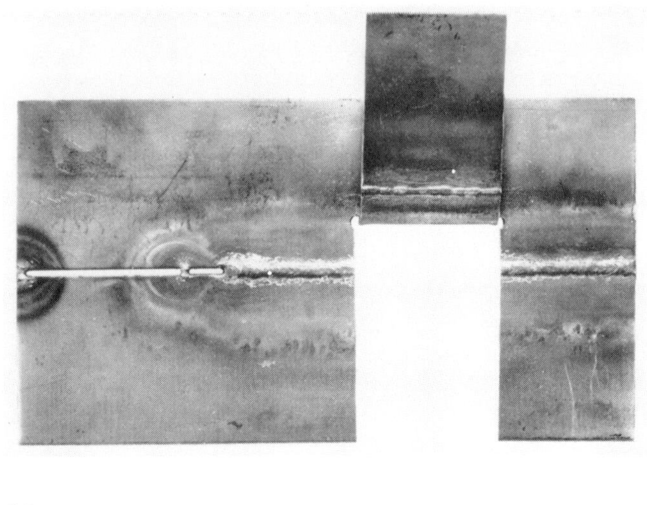

94 Gute Naht, Wurzel durchgeschweißt.

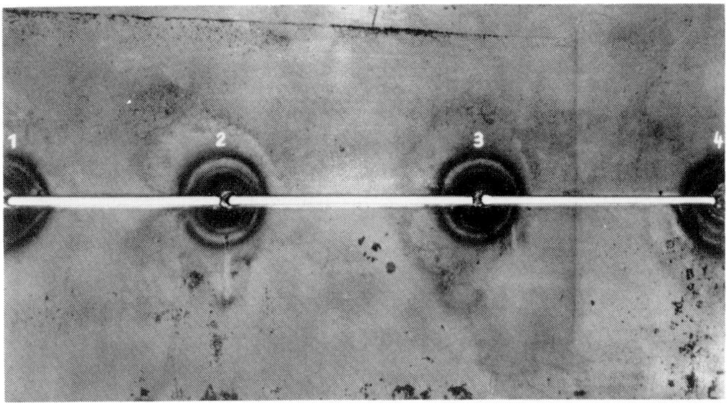

95 Dünnblech in Abständen geheftet.

Die Abbildung 95 zeigt schließlich, wie besonders dünne Bleche vor Beginn der Schweißarbeit geheftet werden.

Nachlinksschweißung

Materialien bis 3 mm werden vorteilhaft mit der sogenannten Nachlinksschweißung verbunden. Der Brenner wird am rechten Schweißstoßende angesetzt und unter leichten Pendelbewegungen nach links geführt. Vor der Flamme befindet sich der Schweißstab, der nach Maßgabe der Raupenbildung von Zeit zu Zeit in das Schmelzbad eintaucht und Material abgibt. Das Eintauchen ist wichtig, das Tropfenlassen aus einiger Entfernung bringt mit Sicherheit unbefriedigende Ergebnisse. Der Schweißstab führt in der Regel keine seitlichen Pendelbewegungen aus.

Nachrechtsschweißung

Alle Materialien über 3 mm Wandstärke werden durch die Nachrechtsschweißung geschweißt. Der Brenner wird links angesetzt und ruhig ohne Pendelbewegung nach rechts geführt. Der Schweißstab befindet sich in Schweißrichtung hinter dem Brenner und führt Pendel- oder Kreisbewegungen aus.

96 Eine Rohrschweißung in Zwangslage beginnt stets mit der Position ü.

Schweißpositionen

Wie das Nachlinks- und das Nachrechtsschweißen beschrieben, befand sich zunächst das Werkstück in der Schweißposition w (w = Wannenlage). Werkstattarbeiten sind in vielen Fällen so ausführbar, da das Werkstück entsprechend aufgebaut werden kann.
Was heißt nun »Position w«? In DIN 1912 sind alle möglichen Schweißpositionen durch kleine Buchstaben gekennzeichnet, um insbesondere bei Ausbildungen und Vergleichen eine gemeinsame Sprache zu sprechen. Die entsprechenden Bezeichnungen sind mit Beispielen im Kapitel »Elektroschweißen« näher erläutert.
Für den Anfänger sind alle Schweißpositionen, außer w, erst nach gründlicher Vertiefung der Kenntnisse und Fähigkeiten ausführbar, wobei die Position ü noch am leichtesten erlernbar ist, obwohl sie am schwierigsten aussieht. Der Schweißer muß lernen, das Schmelzbad und die Tropfen des Zusatzwerkstoffes entgegen der Erdanziehung in der Schweißnaht zu halten beziehungsweise in die Naht zu bringen.

Schweißspannungen

Beim Schweißen treten bedingt durch die zumeist einseitige Erwärmung Spannungen in einem Werkstück auf, die so stark sein können, daß sich Verformungen einstellen. Durch Erwärmen des Werkstücks auf etwa 650° C (920 K) lassen sich derartige Spannungen beseitigen.

Elektroschweißen

Hinter dem Oberbegriff Elektroschweißen verbergen sich einige Schweißverfahren, die für die Heim- oder kleine Schlosserwerkstatt beim besten Willen nicht geeignet sind. Nicht geeignet deshalb, weil in der Regel die Auslastung im Verhältnis zu den Anschaffungskosten zu gering ist. In einem Reparaturbetrieb jedoch, in dem ein ständiger Einsatz gewährleistet ist, kann der Einsatz hochwertiger Maschinen dann recht rentabel sein und sich eine effektive Amortisation vollziehen.
Zwei Hauptgruppen, das Schmelzschweißen und das Preßschweißen, teilen das Elektroschweißen in zwei unterschiedliche Schweißverfahren ein. Das Lichtbogenschmelzschweißen unterscheidet sich im Grundprinzip nicht vom autogenen Schmelzschweißen. Die erforderliche Schweißwärme erzeugt der elektrische Lichtbogen, der in der Regel über die sogenannte Elektrode zum Werkstück gezündet wird. Die Elektrode schmilzt dabei ab und führt der Schweißnaht den erforderlichen Zusatzwerkstoff zu. Vom Halten des Schutzschildes abgesehen, ist das elektrische Lichtbogenschweißen die Arbeit einer Hand. Beim Autogenschweißen sind zum Führen des Brenners und des Schweißstabes beide Hände erforderlich. Es ist zu erkennen, daß somit das Einhandschweißen in der Ausführung leichter ist, da das Zusammenwirken beider Hände für den Anfänger doch Schwierigkeiten birgt.
Das Preßschweißen kann für den angesprochenen Leserkreis im Höchstfall in Form des Punktschweißens ausgeführt werden, was jedoch erhebliche Investitionen erfordert. Für den, der laufend Blecharbeiten zu erledigen hat, bringt das Punktschweißverfahren Gewinn.
Im Mittelpunkt der weiteren Betrachtungen soll jedoch das Lichtbogen-Schmelzschweißen stehen, das dem Heimwerker ein weites Anwendungsgebiet eröffnet. Die erforderlichen Geräte sind verhältnismäßig preiswert in der Anschaffung, und das Schweißen selbst ist leicht

erlernbar. Das Schweißgerät kann in der Ausführung unterschiedlich sein. Für die normal auszuführenden Arbeiten ist der Schweißtransformator jedoch am wirtschaftlichsten einsetzbar. So soll dieses Gerät im Mittelpunkt der folgenden Abhandlungen stehen.

Elektroschweißgeräte

Der im elektrischen Stromnetz zur Verfügung stehende Strom ist zum Schweißen nicht geeignet. So wird auf jeden Fall eine Maschine gebraucht, die den Licht- oder Kraftnetzstrom auf die erforderlichen Werte bringt.
Maßgebend zur Bestimmung eines Gerätes oder des Stromes sind die elektrischen Größen Volt (V) und Ampere (A), das sind die Spannung und die Stromstärke. Während die Spannung die Kraft ist, die den Strom durch die Leitungen und Anlagenteile treibt, so ist unter Stromstärke die durchgetriebene Menge zu verstehen.
In dem jeweils zur Verfügung stehenden Stromnetz ist in der Regel eine Spannung von 220 V oder 380 V vorhanden. Der zu entnehmende Strom ist ein Wechselstrom mit einer Frequenz von 50 Hz (Hz = Hertz). 50 Hz bedeutet, daß er 50mal pro Sekunde in die eine Richtung und 50mal in die andere Richtung fließt.
Die Stromstärke ist bei konstanter Spannung abhängig von dem Widerstand, der dem fließenden Strom entgegengesetzt wird. Ist der Widerstand gering, steigt die Stromstärke und umgekehrt. Der Widerstand eines Gerätes wiederum steigt mit engen oder verengten Querschnitten, mit langen Leitungen oder mit der Anzahl der nachfolgend angeschlossenen Geräteteile.
Für die Umwandlung des Netzstromes in Schweißstrom stehen drei Maschinentypen zur Verfügung:
Schweißtransformator, -gleichrichter und -generator; nur der Schweißtransformator liefert Wechselstrom, Gleichrichter und Generator liefern Gleichstrom.
Gleichstrom wechselt im Gegensatz zum Wechselstrom seine Richtung nicht.
Für viele spezielle Schweißaufgaben in der Industrie ist Gleichstrom günstiger als Wechselstrom. Für die Ansprüche des Heimwerkers und des handwerklichen

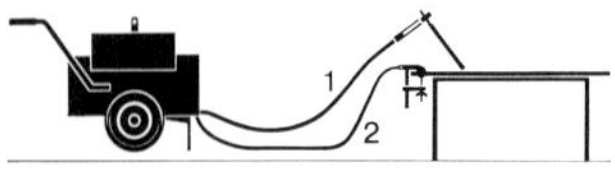

97 Schematische Darstellung des Elektroschweißens.

Kleinbetriebes ist der Schweißtransformator mit seinem Wechselstrombetrieb in der Mehrzahl der Fälle ausreichend.
Im Zusammenhang mit dem Schweißenlernen ist wohl der detaillierte Aufbau einer Schweißmaschine nicht erforderlich. Hier soll mehr Wert auf die richtige Handhabung gelegt werden. Dies in bezug auf die Schweißausbeute und die Unfallgefahren.

Schweißgenerator

Der Schweißgenerator, auch Schweißumformer genannt, stellt einen Strom her, dessen Zustandsgrößen zum Schweißen geeignet sind. Generatoren müssen durch eine Fremdkraft angetrieben werden. Der Dynamo am Fahrrad, der auch ein Generator ist und Strom liefert, wird vom sich drehenden Rad bewegt und angetrieben.
Der Schweißgenerator hat in den meisten Fällen als Antrieb einen Elektromotor, der mit dem zur Verfügung stehenden Strom angetrieben wird. Der abgegebene Strom des Generators ist mit dem dem Motor zugeführten Strom nicht identisch.
Es gibt auch Generatoren, die von einem Benzinmotor angetrieben werden. Als vom Stromnetz unabhängig finden sie auf Baustellen, in Gärtnereien, in der Landwirtschaft auf freiem Felde, bei »fliegenden« Reparaturdiensten und überall dort Verwendung, wo kein oder noch kein Stromanschluß vorhanden ist.
Der Schweißgenerator liefert Gleichstrom.

98 Schweißgenerator mit Verbrennungsmotorantrieb.

Schweißtransformator

Der Schweißtransformator, auch Schweißumspanner genannt, ist die allgemein unter der Bezeichnung Elektroschweißgerät bekannte Maschine.
Ein Transformator verändert, transformiert, die Spannung des Wechselstroms (Gleichstrom kann nicht transformiert werden) auf einen geringeren Wert. Der Transformator ist sicher jedem von der elektrischen Eisen-

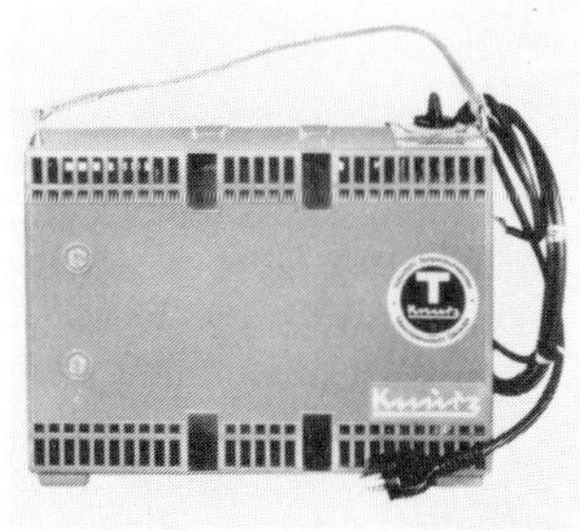

99 Sicherheitsschweißtrafo mit Temperaturwächter, Ausführung bis 180 A.

100 Schweißtransformator, Ausführung bis 135 A und Leerlaufspannung 42 V (links).

101 220–380 V Schweißtransformator bis 170 A (rechts).

bahn her bekannt. Der Schweißtransformator ist jedoch viel größer und robuster.
Das Prinzip eines Transformators ist in Abbildung 105 dargestellt und erläutert.
Je nach Größe, Schweißaufgabe und Fabrikat ist die Regelung zur Einstellung des Schweißstromes anders gelöst. Die kleineren Geräte haben die sogenannte Primärstromregelung über Nockenschalter. Eine Ausführung, die nur in Stufen schalten kann, was für fast alle Schweißarbeiten ausreichend ist, da die Elektroden in der Regel in weit gestreckten Stromstärken zu verschweißen sind.
Sonst ist über ein Handrad die Primär- oder die Sekundärwicklung in ihrer Lage zu verändern. Es fließt ein anderer Strom.
Das wartungsfreundlichere Gerät und das mit dem geringsten Gewicht in bezug auf die Leistung ist jenes mit

102 Montagegerät bis 320 A mit Transportkarre (links).

103 220–380 V Kombi-Schweißgerät für den Dauereinsatz in Werkstätten, Ausführung bis 220 A (rechts).

dem Nockenschalter. Außer dem Schalter besitzt das Gerät keine beweglichen Teile, die verschleißen können und gewartet werden müssen. Ein defekter Schalter ist schnell ausgewechselt.
Obwohl die Primär- und die Sekundärspule im Transformator nicht elektrisch leitend verbunden sind, kann der Sekundärspule Strom entnommen werden. Die Primärspule ist am Stromnetz angeschlossen, sie ist bei geöffnetem Gerät an den vielen dünnen Wicklungsdrähten erkennbar. Die Sekundärspule hat wenige, aber dicke Wicklungsdrähte. Die Primärwicklung baut um sich herum ein Magnetfeld auf. Die Sekundärwicklung wird von den Magnetlinien dieses Feldes geschnitten, es wird ein Strom von niedrigerer Spannung induziert. Wie hoch diese Spannung ist, hängt von der Transformatorauslegung und der Schalter- beziehungsweise Reglerstellung ab.
Schweißtransformatoren können je nach Ausführung mit 220 V oder 380 V betrieben werden. Es gibt auch solche Maschinen, die auf den vorhandenen Strom umgestellt werden können. Bei stationären Geräten ist dies wenig sinnvoll, da die zur Verfügung stehende Spannung ja bekannt ist. Montagegeräte mit Umstellmöglichkeit bieten den Vorteil, überall eingesetzt werden zu können. Es ist sicher klar, daß bei 220-V-Betrieb die Schweißleistung entsprechend geringer ist.

104 Fahrbarer Hochleistungstransformator, Ausführung bis 300 A.

Schweißgleichrichter

Der Schweißgleichrichter ist praktisch die Weiterführung des Schweißtransformators mit einem nachgeschalteten Gleichrichter. Das Aggregat nimmt dreiphasigen Wechselstrom auf und transformiert ihn auf eine niedrigere Spannung mit Wechselstromcharakter. Der nachgeschaltete Gleichrichter macht aus dem Wechselstrom Gleichstrom. Schweißgleichrichter entwickeln viel Wärme, die abgeführt werden muß, so haben die Gehäuse besonders viele Lüftungsmöglichkeiten oder sind sogar mit einem Ventilator ausgestattet.
Man fragt sich, was der Aufwand soll, wenn mit dem Wechselstromtransformator auch gute Ergebnisse erzielt

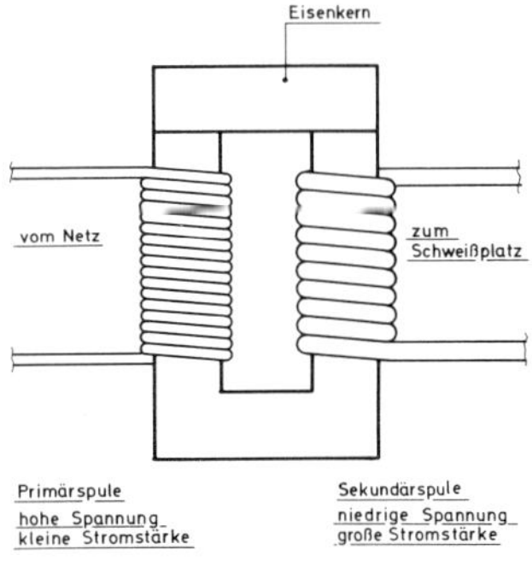

105 Prinzipbild eines Transformators.

106 Sicherheitsschweißgleichrichter, Ausführung bis 350 A.

werden können. Nun, Gleichstrom ist nicht so gefährlich wie Wechselstrom. Sind in beengten Räumen, in Kesseln, Behältern oder Schweißplätzen, die in der Hauptsache von Metallen umgeben sind, Arbeiten auszuführen, dürfen nur Schweißtransformatoren benutzt werden, die maximal eine Leerlaufspannung von 42 V aufweisen. Dies muß aus dem Typenschild hervorgehen, das das Zeichen (42V) tragen muß. Gleichstromgeräte dürfen für die oben beschriebenen Arbeiten eine maximale Spannung von 100 V haben. Geeignete Geräte tragen das Zeichen [K]. Beim Gleichstromschweißen ist auf die richtige Polung von Elektrode und Werkstück zu achten. Die Angaben befinden sich in den jeweiligen Elektrodenbeschreibungen.

Andere Schweißverfahren

107 Schweißtransformator mit nachgeschaltetem Gleichrichter. Eine vielseitige Lösung.

Für den mit diesem Buch angesprochenen Heimwerker- und Handwerkerkreis stehen noch einige weitere Elektroschweißverfahren zur Verfügung. Diese Schweißverfahren erfordern aber einen großen Investitionsaufwand, so daß die Verwendung derartiger Geräte die Ausnahme darstellt. So soll auch nur eine Kurzinformation gegeben werden.

Das Punktschweißen

Insbesondere für Blecharbeiten bietet sich das Punktschweißverfahren an.

Mit der Handschweißzange mit zugehörigem Gerät oder der Punktschweißmaschine werden metallische Werkstoffe miteinander verbunden. Die Kupferelektroden drücken an der Schweißstelle die Materialien zusammen. Beim höchsten Druck fließt ein Strom, der beim Durchgang durch die Werkstücke in Wärme umgesetzt wird. Der elektrische Strom wird immer dann in Wärme umgewandelt, wenn er einen großen Widerstand zu überwinden hat. Beim Punktschweißen stellt sich der Widerstand in den zu verschweißenden Blechen dar. Das Material

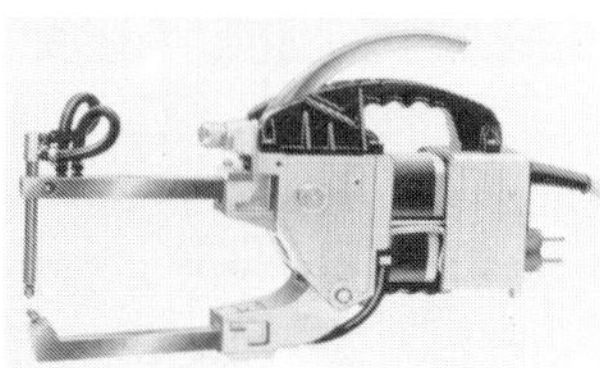

108 Punktschweißzange für Montagearbeiten.

wird an der Stromdurchgangsstelle glühend bis teigig, die Teile sind verschweißt.
Bei ausreichend hohem Druck ist nur ein Glühen erforderlich. Es gibt ein unter der Bezeichnung »Kaltpreßschweißen« bekanntes Verfahren, bei dem die Materialien sogar ohne Erwärmung, nur durch Druck, verschweißt werden.

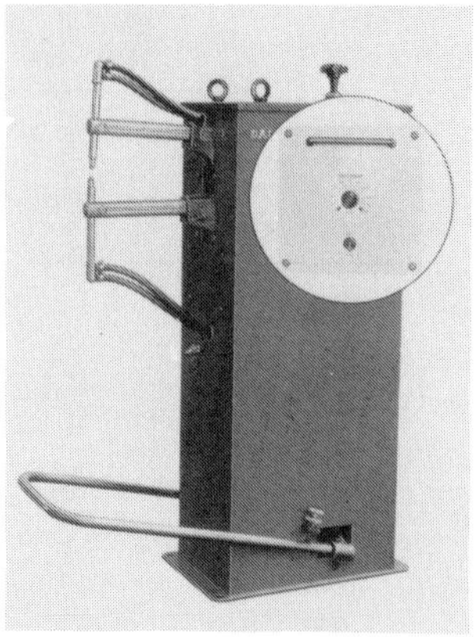

109 Punktschweißmaschine für den Werkstattgebrauch.

Bolzenschweißen

Mit dem Bolzenschweißgerät in Abbildung 111 lassen sich Schrauben und Stifte von 3 bis 8 mm Durchmesser blitzschnell verschweißen. Die Bolzen können ohne eine weitere Vorrichtung mit der Pistole auf eine bestimmte Stelle der Werkstücke aufgeschweißt werden.

Schutzgasschweißen

WIG-, MIG- und MAG-Verfahren bieten von der Buchstabenkombination her ein verwirrendes Bild. Dabei sind die Schweißverfahren, die sich dahinter verbergen, einfach zu beherrschen und verhältnismäßig leicht ausführ-

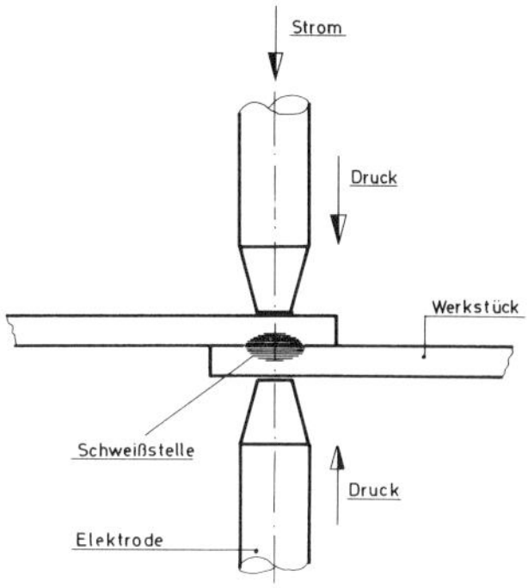

110 Arbeitsschema des Punktschweißens.

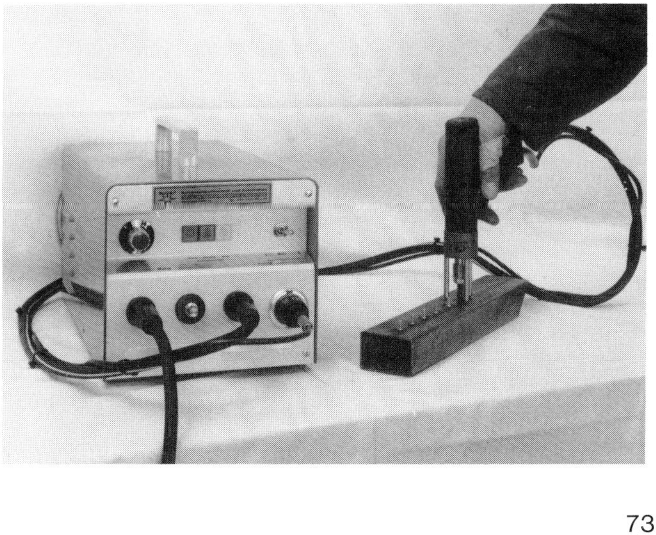

111 Bolzenschweißgerät zum blitzschnellen Setzen von Bolzen und Schrauben.

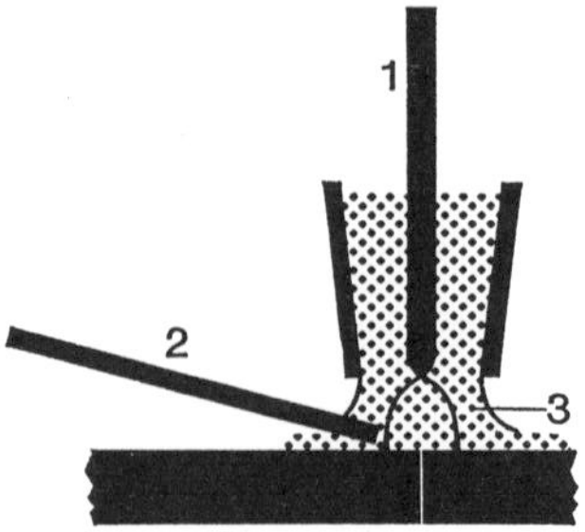

112 Schematische Darstellung des WIG-Schweißens. 1 = Wolframelektrode, 2 = Schweißstab, 3 = Schutzgas.

bar. Wer früher, zum Beispiel im Berufsschulunterricht, schon einmal etwas vom Schutzgasschweißen gehört beziehungsweise darüber gelesen hat, dem sind diese Verfahren noch unter anderen Namen geläufig.

WIG-Schweißen

WIG gleich Abkürzung für Wolfram-Inertgas-Schweißen. Das WIG-Schweißen ist mit dem Gasschmelzschweißen zu vergleichen. Ein Brenner erzeugt Wärme auf der Schweißstelle und erforderlichenfalls wird von Hand ein Schweißzusatzwerkstoff zugeführt. Das komplette Schweißgerät besteht aus einem Transformator mit Gleichrichter, einer Argon-Gasflasche, Brenner und Verbindungselementen.
Der zum Herstellen des Schmelzbades erforderliche Lichtbogen brennt zwischen einer Wolfram-Elektrode des Brenners und dem Werkstück. Die Elektrode verbraucht sich jedoch nicht als Zusatzwerkstoff, sondern unterliegt nur einem geringen Abbrand, der für die Güte

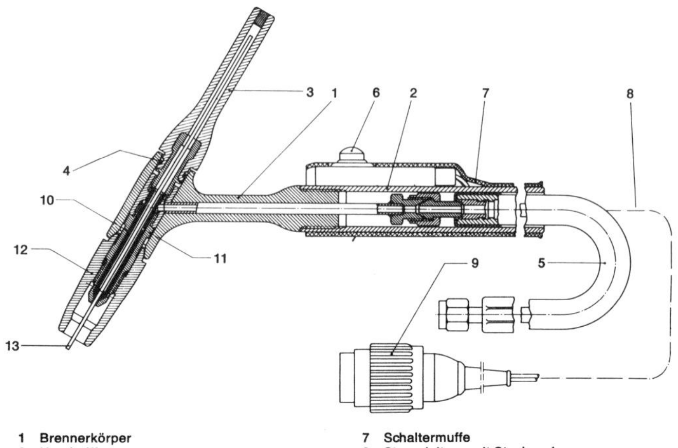

1 Brennerkörper
2 Handgriff
3 Brennerkappe, lang
Brennerkappe kurz
4 O-Ring 9 x 2,5
5 Gasschlauch mit Schweißstromleitung, 4 m
Gasschlauch mit Schweißstromleitung, 8 m
6 Drucktaster
7 Schaltermuffe
8 Steuerleitung mit Stecker, 4 m
Steuerleitung mit Stecker, 8 m
9 Tuchelsteckdose 5polig
10 Spannhülsengehäuse
11 Spannhülse
12 Keramische Gasdüse
13 Wolframelektrode

113 WIG-Schweißbrenner mit Wolframelektrode.

der Schweißnaht nicht ins Gewicht fällt. An dem Schweißbrenner befindet sich ein Schalter, mit dem der Strom- und der Gasfluß ein- und ausgeschaltet werden. Kleine WIG-Schweißgeräte sind auch zum Verschweißen normaler Elektroden umschaltbar eingerichtet. Das sich am Lichtbogen entzündende Argon schützt die frische Schweißnaht vor dem Zutritt des Sauerstoffs. Argon beeinflußt die Schweißnaht chemisch nicht, da es sich um ein sogenanntes inertes (chemisch träges) Gas handelt. Daher der Name Inertgas-Schweißen.

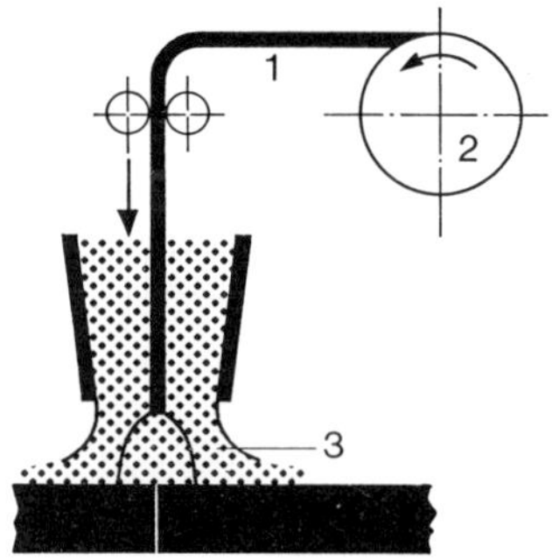

114 Schematische Darstellung des MIG- und MAG-Schweißens. 1 = Schweißdraht, 2 = Drahtrolle, 3 = Schutzgas.

MIG- und MAG-Schweißen

MIG gleich Abkürzung für Metall-Inert-Gas.
MAG gleich Abkürzung für Metall-Aktiv-Gas.
Die MIG- und MAG-Schweißverfahren ähneln im Prinzip dem WIG-Verfahren, nur mit dem Unterschied, daß die Elektrode abschmilzt und somit als Zusatzwerkstoff in die Schweißnaht eingeht. Ein automatisches Vorschubgerät versorgt den Brenner immer mit ausreichend Schweißdraht, der auf einer Rolle – je nach Geräteausführung – am Schweißgerät, gesondert am Schweißort

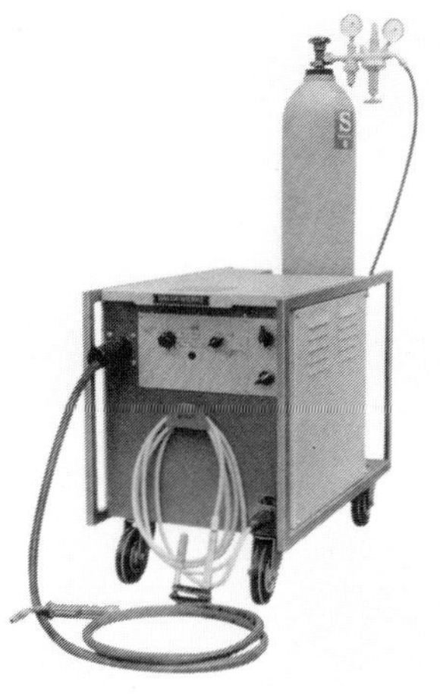

115 MIG-Schweißgerät.

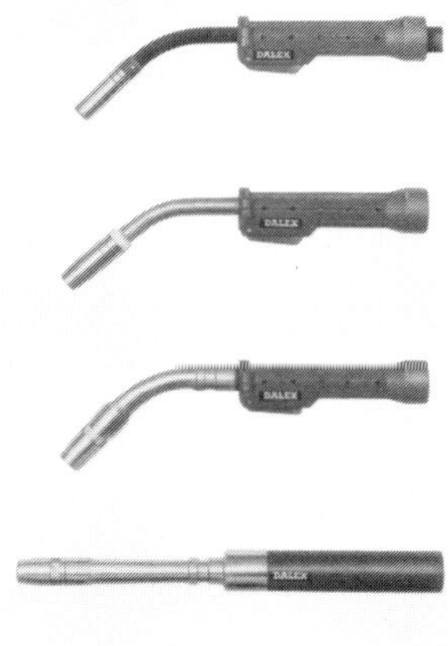

116 MIG-Schweißbrenner in verschiedenen Ausführungen.

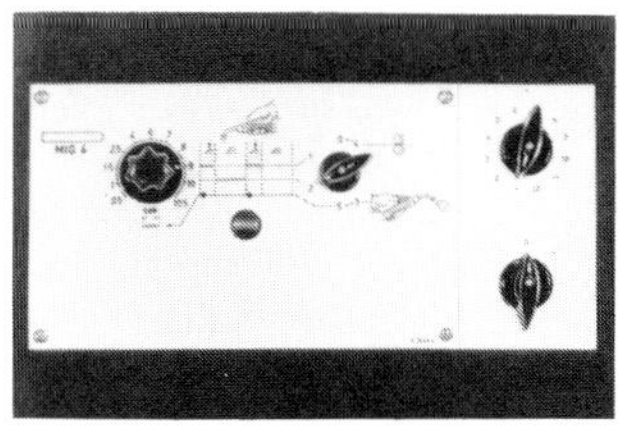

117 Übersichtliches Schaltfeld eines MIG-Schweißgerätes.

118 Arbeiten an Dünnblechen werden mit dem MIG-Schweißverfahren besonders materialschonend ausgeführt.

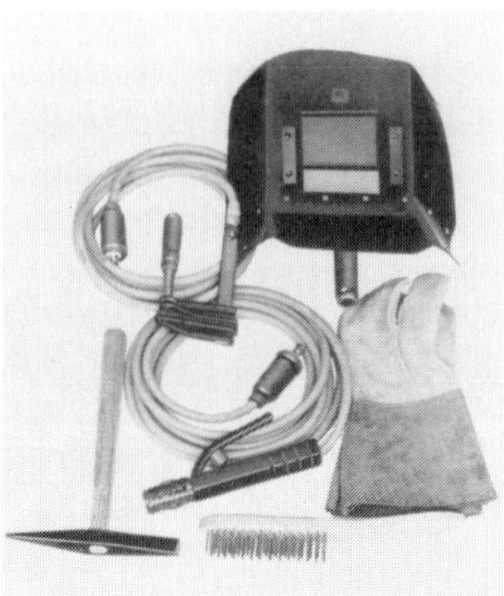

119 Die komplette Schweißplatzausrüstung: Schutzschirm, Handschuhe, Schlackenhammer, Drahtbürste, Massekabel, Schweißkabel.

oder im Brenner angeordnet ist. Durch das Schutzgas werden auch hier Schweißbad und Elektrode vor Luftsauerstoff geschützt. Eine Elektrodenumhüllung ist somit nicht erforderlich. Beim MIG-Verfahren werden Inert-Gase benutzt, beim MAG-Verfahren jedoch Aktiv-Gase, wie zum Beispiel Kohlendioxyd.
MIG- und MAG-Schweißverfahren sind in der Hauptsache dort im Einsatz, wo Dünnbleche verschweißt werden müssen. Durch die Schnelligkeit der Schweißung werden die Wärmespannungen in Grenzen gehalten, was ja besonders bei Karosseriearbeiten an Kraftfahrzeugen wichtig ist.

Schweißplatzausrüstung

Nur mit einer vollständigen Schweißplatzausrüstung sind auf Dauer ordnungsgemäße Schweißarbeiten durchführbar. Auch der Gesundheit des Schweißers ist besondere Aufmerksamkeit zu widmen. Lederschürze, Asbest- oder Lederhandschuhe, Arbeitsschuhe und möglichst ein guter Arbeitsanzug kommen dieser Forderung entgegen und verhüten Verbrennungen infolge glühender Materialien und der ultravioletten Strahlen.
Zur direkten Durchführung der Schweißarbeit sind Elektrodenhalter mit Anschlußkabel, Masseklemme mit Anschlußkabel, Schutzschirm, Schlackenhammer und eine Drahtbürste unbedingt erforderlich. Der einschlägige Fachhandel hält die genannten Artikel in großer Auswahl bereit. Es ist zu beachten, daß zum WIG-Schweißen ein Schutzschirm benötigt wird, der helmartig am Kopf befestigt wird.

Elektroden

Zum Gelingen einer Schweißnaht tragen die benutzten Elektroden in entscheidendem Maße bei. Nicht jede Elektrode ist für jedes Gerät, für jede Schweißart und für jeden Werkstoff geeignet. Es sollten möglichst die in den Gebrauchsanweisungen der Gerätehersteller ange-

gebenen Fabrikate und Typen benutzt werden. In der Regel sind derartig empfohlene Elektroden getestet.
Nach DIN werden die Elektroden in zwei Verwendungsgruppen eingeteilt, einmal in Elektroden zum Auftragen in DIN 8555, zum anderen in Elektroden zum Verbinden in DIN 1913.
Die Elektroden haben die Aufgabe, den Schweißstrom zur Schweißstelle zu leiten, dort einen Lichtbogen zu zünden, Werkstoff an die Schweißnaht abzugeben und gegebenenfalls durch die Umhüllung oder Seele die Schweißnaht vor dem Luftsauerstoff zu schützen und den Lichtbogen zu erhalten. Eine Menge Aufgaben, die nur durch einwandfrei aufeinander abgestimmte Materialien und Fertigungsverfahren von der Elektrode erwartet werden können. Oft werden die Umhüllungswerkstoffe und Zutaten von den Herstellern nicht bekanntgegeben.

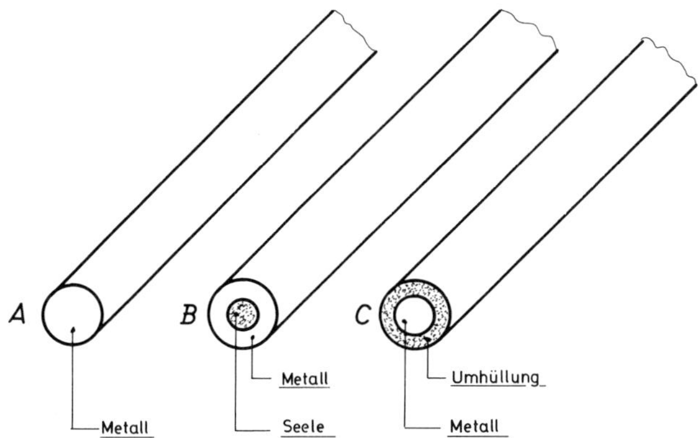

120 Elektrodenarten, links: Nackte Elektrode – Mitte: Elektrode mit Seele – rechts: umhüllte Elektrode.

An dieser Stelle soll in der Hauptsache auf die Schweißelektrode nach DIN 1913 eingegangen werden.

Es werden drei Elektroden-Arten unterschieden:

1 **Nackte Elektroden** (Kurzbezeichnung O), die nur schwer zu verschweißen sind und kaum noch benutzt werden. Das Schmelzbad wird nicht geschützt.

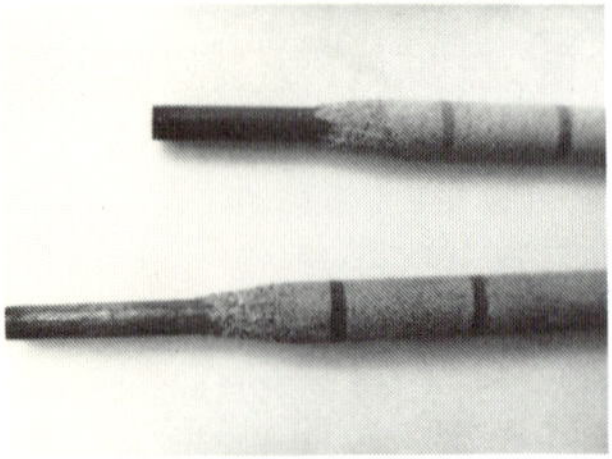

121 Einspannende von Elektroden.

2 **Seelen-Elektroden** (Kurzbezeichnung 00) haben eine Seele aus nichtmetallischen Stoffen, die lichtbogenstabilisierend wirken, dem Schmelzbad jedoch auch nicht in jedem Fall ausreichenden Schutz geben.

3 **Umhüllte Elektroden,** die heute im allgemeinen benutzt werden.

Verschiedene Durchmesser, Längen und Umhüllungsdicken sind auf die auszuführenden Arbeiten abgestimmt. Am oberen Ende ist die Umhüllung entfernt und die Elektrode metallisch blank, um beim Einspannen in den Elektrodenhalter einen ausreichenden elektrischen Übergang zu erhalten.
Die Umhüllung schmilzt mit der Elektrode ab und bildet auf der Schweißnaht eine Schlackenschicht, die nach dem Erkalten mit dem Schlackenhammer entfernt wird. Schlacke und freiwerdende Gase, die beim Verbrennen der Umhüllung entstehen, schützen das Schmelzbad vor dem Stickstoff und dem Sauerstoff der Luft. Die Abschirmung ist um so intensiver, je dicker die Umhüllung ist.

Die Umhüllungsdicke wird durch Buchstaben angegeben:

d = dünn umhüllte Elektrode,
m = mitteldick umhüllte Elektrode,
s = sehr dick umhüllte Elektrode.

Es sind immer nur trockene Elektroden zu verschweißen, durch Lagerung oder Witterung feucht gewordene vorher gut trocknen, etwa 30 Minuten bei 250° C (ca. 520 K).

Innerhalb der Gruppe der umhüllten Elektroden werden die nachfolgend aufgeführten Typen unterschieden. Die Merkmale richten sich nach den Hauptbestandteilen in der Umhüllung:

Ti = Titanoxyd Typ,
Es = Erzsauer Typ,
Ox = Oxydischer Typ,
Kb = Kalkbasischer Typ,
Ze = Zellulose Typ,
So = Sondertyp.

Zusatzbezeichnungen bedeuten:

Fe = Eisenpulver-Elektrode,
Tf = Tiefeinbrand-Elektrode.

Ti = Titanoxyd Typ: Die Elektrode ist vielseitig verwendbar, mit Gleich- und Wechselstrom zu verschweißen. Die Spaltüberbrückbarkeit ist gut, die Elektrode kann in allen Lagen benutzt werden. Die Schlacke läßt sich leicht entfernen.

Es = Erzsaurer Typ: Die Elektrode ist in erster Linie für waagerechte Lagen geeignet, die Schlacke ist leicht entfernbar. Sie ist an Gleich- und Wechselstrom gut verschweißbar, die Spaltüberbrückbarkeit ist gering. Es sind somit Schweißnahtvorbereitungen notwendig.

Ox = Oxydischer Typ: In der Regel ist diese Elektrode nur in Wannenlage an unlegierten Stählen zu verwenden und an Gleich- und Wechselstrom verschweißbar. Die Spaltüberbrückbarkeit ist äußerst gering, es ist die beste Nahtvorbereitung zu gewährleisten.

Kb = Kalkbasischer Typ: Diese Elektrode ist in allen Lagen zu verschweißen, die Schlacke ist weniger leicht entfernbar. Die Spaltüberbrückbarkeit ist gut, sie ist zumeist nur an Gleichstrom mit Plus-Polung zu verschweißen. Kb-Elektroden werden leicht feucht.

Ze = Zellulose Typ: In allen Positionen verschweißbare Elektrode mit guter Spaltüberbrückung und gutem Einbrand. Für Gleich- und Wechselstrom geeignet.

So = Sondertyp: Alle nicht unter die anderen Typenbezeichnungen unterzubringenden Elektroden erhalten das So-Zeichen.

Spezial-Elektroden: Für Grauguß, Nichteisenmetalle und legierte Werkstoffe benötigt man Elektroden entsprechender Zusammensetzung.
Wer sich weitergehend mit den Bezeichnungen von Elektroden befassen will, dem wird empfohlen, sich die ent-

122 Elektrodenbeschreibung eines Herstellers.

KESTRA GELB

Mitteldick umhüllte Stabelektrode mit rutilhaltiger Umhüllung, mit besonderer Eignung für die Zwangslagenschweißung.

Norm-bezeichnungen	DIN 1913 ASTM/AWS Brit. Norm	Ti VII m/332/12 E 6012 E.217

Anwendung
Elektrode mit vielseitiger Verwendbarkeit im Schiff-, Fahrzeug-, Maschinen- und Stahlbau. Besonders geeignet für Montageschweißungen. Rißfestes Schweißgut.
Die Elektrode läßt sich mit gleicher Stromstärke in allen Lagen, auch von oben nach unten, gut verschweißen. Leichte Zündung, ruhiger Lichtbogen. Gute Spaltüberbrückung.

Grundwerkstoffe
St 34 – St 52; St 35, St 35.4, St 45, St 45.4; GS-38, GS-45

Güterichtwerte des reinen Schweißgutes

Zugfestigkeit	471-519 N/mm²	(48-53 kp/mm²)
Streckgrenze	412-451 N/mm²	(42-46 kp/mm²)
Dehnung (l = 5 d)	20 - 25 %	
Kerbschlagzähigkeit DVM	55 - 76 J	(8-11 kpm/cm²)
Härte	150 HB	

Zulassung
DB (TÜV, GL, LR, BV, NV, ABS beantragt)

Stromart
Gleichstrom –Pol, Wechselstrom

Kennfarbe
gelb

Lieferformen Stromstärken

Ø mm	Länge mm	Ampere	Stück/Paket	kg/1.000 Stück ca.
2,0	300	60	225	9,5
2,5	350	80	325	17,7
3,25	350	110	175	30,3
4,0	350	140	120	45,5
5,0	350	190	75	70,7

sprechenden Norm-Blätter zu beschaffen. Die Abbildung 122 zeigt eine Elektroden-Beschreibung eines namhaften Herstellers.
Beim Schweißen mit Gleichstrom ist es nicht immer gleichgültig, an welchem Pol die Elektrode und an welchem die Masse liegt. Das Gerät in Abbildung 123 zeigt, wird es an eine beliebige Stelle des Schweißkabels, des Elektrodenhalters oder der Elektrode gehalten, sofort die angewandte Polung an.

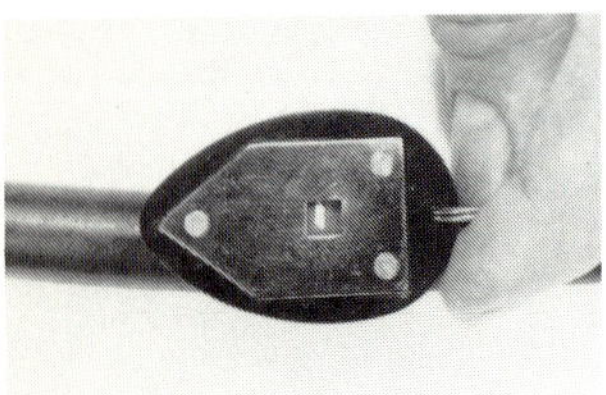

123 Polanzeigegerät zum Ermitteln der angewandten Polung.

Ausnutelektrode: Als Besonderheit gilt die Ausnutelektrode, mit der nicht geschweißt, sondern getrennt wird. Sie wird benutzt zum Ausfugen und Trennen an allen Metallen, zur Nahtvorbereitung, zum Fugenhobeln, Lochstechen, Abschrägen und so weiter.

Tabelle 7: Für die gegenseitige Abhängigkeit von Elektroden, Stromstärke und Blechdicke können folgende Werte als Anhalt dienen

Elektrodendurchmesser (mm) Kerndraht	Schweißstrom Ampere (A)	Blechdicke (mm)
1,50	25– 45	1– 2
2,00	30– 60	2– 3
2,50	50– 90	3– 5
3,25	90–140	4– 6
4,00	130–180	5–10

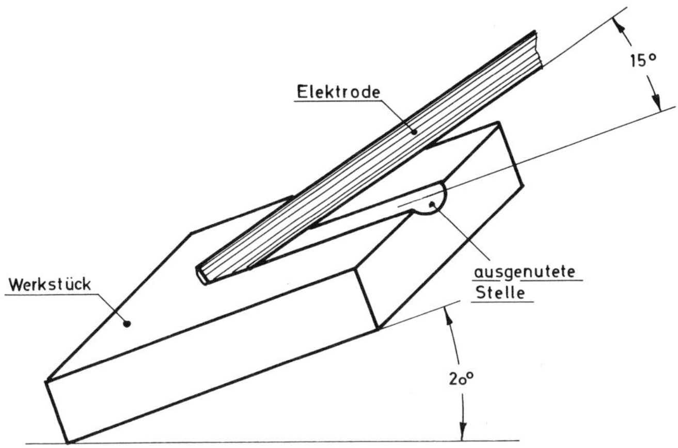

124 Ausnutelektrode zum Vorbereiten von Schweißnähten.

Anwendungen

Dem Elektroschweißer ist praktisch kein Werkstück zu groß oder zu dick, um es nicht schweißen zu können. Lediglich Verbote, wie schon im Abschnitt Autogenschweißen ausgeführt, können ihn am Werken hindern. Gitter, Geländer, Tore und Türen aus Profilstählen sind ein willkommenes Betätigungsfeld, dabei ist es gleich, ob es sich um Reparaturarbeiten oder Neuerstellungen

125 Schweißtisch mit oberer und unterer Absaugung als Maximalausstattung für den Heimwerker.

handelt. Vorbedingung für einwandfreie Ergebnisse sind natürlich passende Geräte und eine entsprechende Schweißnahtvorbereitung.
Soweit es das Schweißen betrifft, sind die Möglichkeiten beim Elektroschweißen vielfältiger als beim Autogenschweißen. Dies insbesondere aus der stetigen Einsatzbereitschaft des Gerätes heraus – keine Vorhaltung an Gas und Sauerstoff – wie auch von der verhältnismäßig einfachen Handhabung her.

Vorbereiten des Werkstücks

Grundsätzlich ist die Elektroschweißung wie eine Autogenschweißung vorzubereiten. Die Forderungen in bezug auf die Raumbe- und -entlüftung sind hier insbesondere jedoch auf die beim Abbrand der Elektrodenumhüllung entstehenden Gase zu erweitern. Schweißtische mit unterer Absaugung und Absaugemöglichkeit an der Schweißstelle stellen ein Optimum für den Heimwerker dar. Zentralanlagen, wie in den Abbildungen 126 und 127 gezeigt, sind für größere Handwerksbetriebe und Industriewerke jedoch unerläßlich.
Auch beim Elektroschweißen sind die Nähte entsprechend vorzubereiten, um einwandfreie Schweißungen zu erhalten. Die Abbildungen 128 und 129 zeigen die beim Elektroschweißen üblichen Nahtformen und Stoßarten.

126 Die Industrie setzt Absauganlagen sogar an Großwerkstükken ein (links).

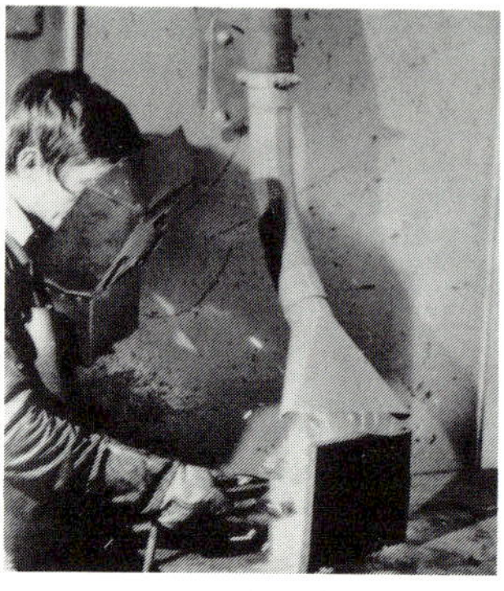

127 Zentralabsaugung am Schweißtisch (rechts).

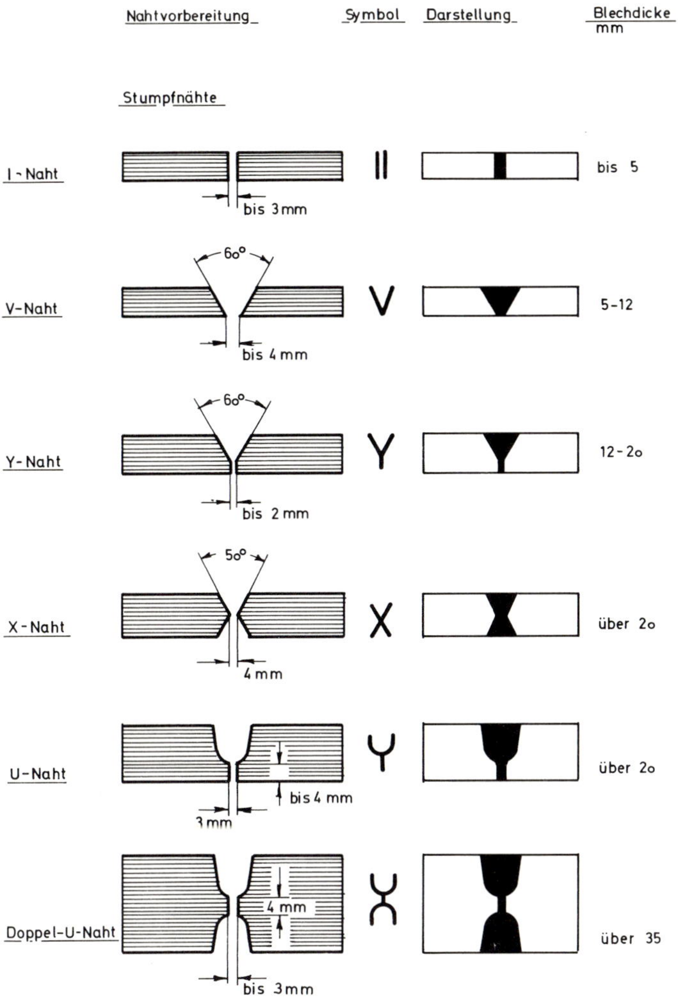
Nahtvorbereitung
Symbol
Darstellung
Blechdicke mm
Stumpfnähte
I-Naht
bis 3mm
bis 5
V-Naht
60°
bis 4mm
5-12
Y-Naht
60°
bis 2mm
12-20
X-Naht
50°
4mm
über 20
U-Naht
bis 4 mm
3mm
über 20
Doppel-U-Naht
4 mm
bis 3mm
über 35

129

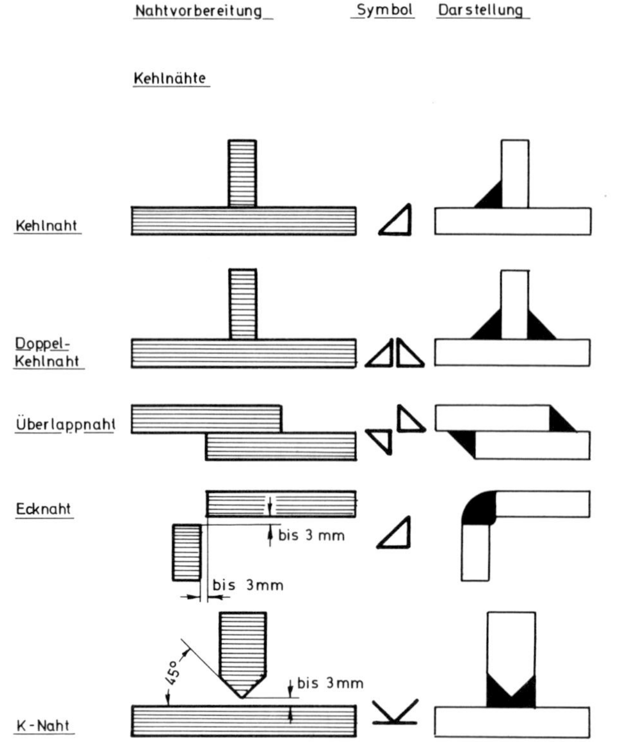

Ausführung

Vor den ersten Schweißübungen sind noch einige theoretische Details zu erläutern. Insbesondere ist dies die Schweißposition, in der die Naht ausgeführt werden soll oder muß.

Bei Werkstattarbeiten ist es zumeist möglich, das Werkstück so zu legen, daß eine Wannenlage entsteht. Die Wannenlage ist für den Anfänger am einfachsten zu erlernen und herstellbar.

Die einzelnen Schweißpositionen sind nach DIN 1912 festgeschrieben und werden der einfachen Erläuterung

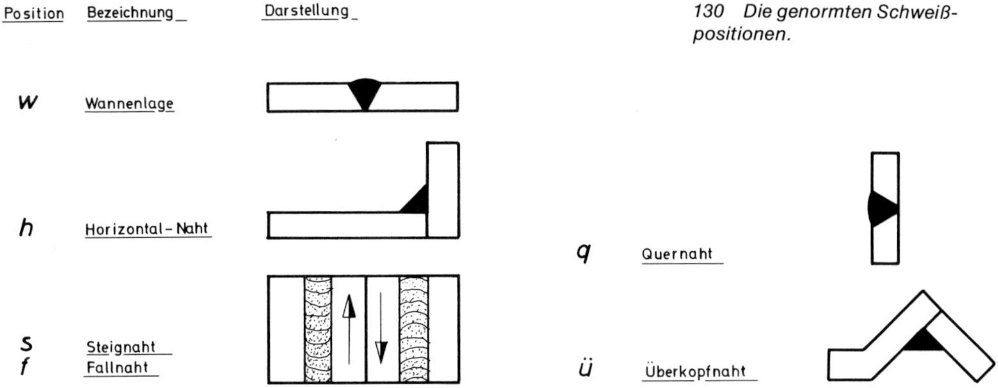

130 Die genormten Schweiß-positionen.

wegen durch Buchstaben gekennzeichnet. So bedeuten:

w = Wannenlage (Kehl- und Stumpfnaht),
h = Horizontalnaht (Kehlnaht),
s = Steignaht,
f = Fallnaht,
q = Quernaht,
ü = Überkopfnaht.

Diese Angaben sind für die Auswahl der Elektroden wichtig, da ja nicht alle Elektroden für jede Schweißposition geeignet sind. Natürlich gelten diese Positionen auch für das Autogen-Schweißen.
Bei der Anschaffung einer Ausrüstung für das Elektroschweißen sollte man auf eine gewisse Leistungsfähigkeit Wert legen und etwas höhere Kosten in Kauf nehmen, da die billigen Geräte in ihrer Leistung doch sehr begrenzt sind. Zuvor sind jedoch unbedingt die Belastbarkeit und Absicherung der vorhandenen elektrischen Leitung festzustellen und zu prüfen, ob Dreiphasenstrom angeschlossen ist oder werden kann. Keinesfalls dürfen an der Elektroinstallation Änderungen selbständig vorgenommen werden, dazu berechtigt ausschließlich eine Konzession des zuständigen E-Werkes. Für das Aufstellen des Schweißgerätes sind in erster Linie die Ge-

brauchsanweisung und das Typenschild des Gerätes maßgebend. Dort steht auch, wie hoch eine Steckdose abgesichert sein muß.
Beim Kauf eines Schweißgerätes und hier besonders beim Schweißtransformator ist die sogenannte Einschaltdauer (ED) ein wichtiger Faktor, von dessen Höhe der Kaufpreis hauptsächlich abhängt.
Was heißt Einschaltdauer?
Das ist die Zeit, in der im 5-Minuten-Spiel bei entsprechender Belastung geschweißt werden kann. Anschließend muß das Gerät für den Rest des Spiels wieder abkühlen. Anspruchsvolle Schweißgeräte haben einen Schalter, der beim Erreichen der höchstzulässigen Temperatur den Schweißstrom abschaltet. Was bedeutet das für die Praxis?
Ein Schweißtransformator zum Anschluß an das 220-V-Lichtnetz hat einen Schweißstrom von 130 A. Der Käufer vermutet mit Recht, daß dieses Gerät seinen Ansprüchen genügt, denn mit 130 A sind nach Tabelle 7 Elektroden von 3,25 mm an bis zu 6 mm starken Blechen zu verschweißen. Die 130 A sind jedoch nur bei einer Einschaltdauer von 20 % im Dauerbetrieb zu erreichen.
Will er die genannten Elektroden bei einer größeren Schweißarbeit einsetzen, machen sich nun mit Sicherheit die 20 % ED bei den 130 A bemerkbar, das heißt bezogen auf das 5-Minuten-Spiel:
1 Minute schweißen – 4 Minuten warten (denn 20 % ED von 5 Minuten = 1 Minute ED).
Das besprochene Gerät hat bei einer ED von 35 % eine Schweißstromleistung von 50 A. Das ist eine geringfügige Verlängerung der Schweißzeit mit einer erheblichen Einbuße an Schweißstrom.
Nach diesem Beispiel ist es sicher verständlich geworden, daß preisgünstige Geräte mit einer scheinbar großen Leistung doch Nachteile haben. Beim Kauf ist somit neben der Schweißstromleistung die zugehörige Einschaltdauer zu beachten.
Nach Klärung der Schweißpositionsbegriffe und der Einschaltdauer eines Gerätes kann nun mit der Schweißarbeit begonnen werden.
Der Schweißtransformator wird mit dem Stromnetz verbunden und zunächst ausgeschaltet belassen.

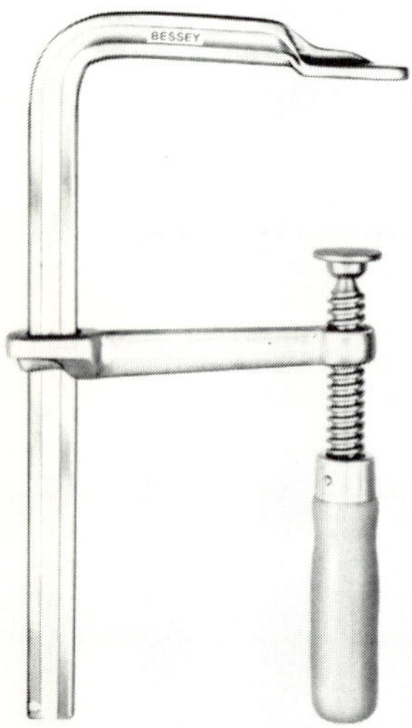

131 Schraubzwinge zum Arretieren von Werkstücken und Konstruktionen.

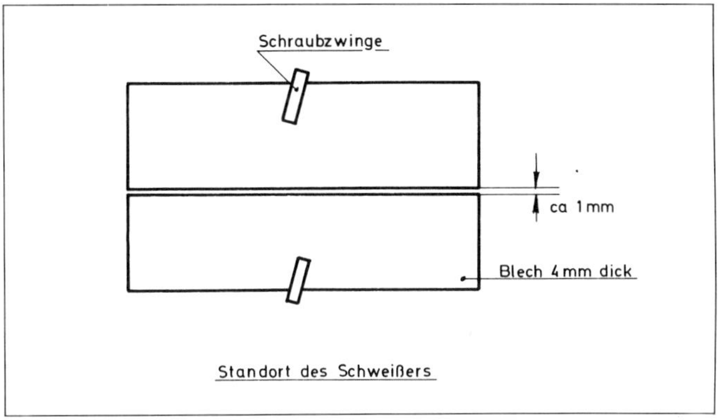

132 Aufspannen von Blechen zur ersten Schweißung.

Nach dem Bereitlegen der Schweißplatzausrüstung und Herrichtung des Schweißtisches sind zwei geeignete Bleche von etwa 4 mm Dicke mit Schraubzwingen fest auf den Schweißtisch parallel zum Schweißer aufzuspannen und die Masseklemme des Schweißgerätes am Werkstück anzubringen. Nach häufigem Gebrauch wird die Masseklemme schon einmal defekt, sie ist dann gegen eine neue auszutauschen. Die Bleche haben einen Abstand von 1 mm. Nach Tabelle 7 oder nach den Angaben des Herstellers des Schweißgerätes werden der erforderliche Schweißstrom und der Elektrodendurchmesser ermittelt, danach wird eine geeignete Elektrodentype gewählt. Die Elektrode wird mit dem blanken Ende in den Elektrodenhalter eingespannt und nach dem Einstellen des richtigen Schweißstromes das Gerät eingeschaltet. Die Schweißzange gehört in die rechte Hand, der Schutzschirm in die linke. Nun kann es losgehen!

Der zum Schweißen erforderliche Lichtbogen entsteht nicht von alleine, nicht indem die Elektrode in die Schweißposition – etwa einen Kerndrahtdurchmesser Abstand vom Blech – gebracht wird. Der Lichtbogen muß zunächst gezündet werden.

Das Zünden erfolgt dadurch, daß die Elektrode ganz kurz auf das Werkstück getippt oder wie ein Streichholz darüber gezogen wird. Die Elektrode ist sofort wieder abzuheben und in Schweißposition zu bringen. Der Ab-

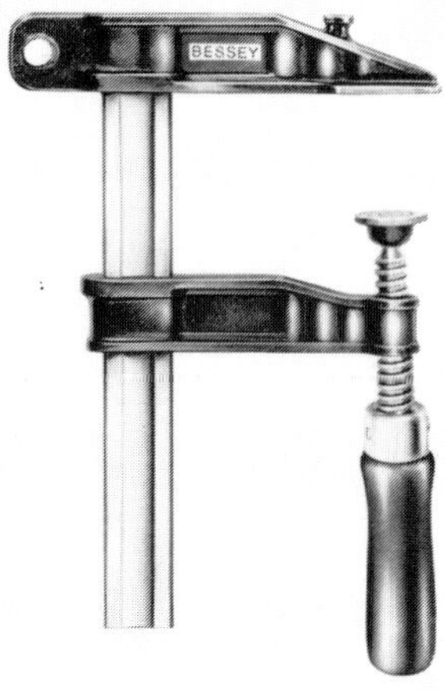

133 Masseklemme zum Anbringen des Massekabels am Werkstück.

134 Zünden des Lichtbogens: 1 = Auftippen (Kurzschluß), 2 = Über das Werkstück ziehen, 3 = Abheben, 4 = In Schweißposition bringen.

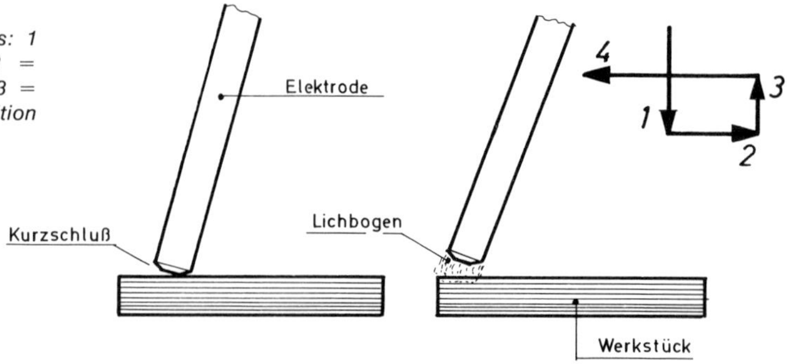

stand der Elektrode zum Werkstück beträgt etwa einen Kerndrahtdurchmesser, bei Kb-Elektroden auch weniger. Nach dem Abheben der Elektrode vom Werkstück brennt nun der Lichtbogen. Wenn der Lichtbogen erst einmal gezündet hat, kann er stabil gehalten werden, da die lichtbogenstabilisierenden Stoffe der Elektrodenumhüllung wirksam werden.

Der Lichtbogen erlischt, wenn die Elektrode in einen zu großen Abstand zum Werkstück gerät oder der Abstand zu gering ist und das Werkstück berührt. Die Elektrode klebt, wie man sagt, am Werkstück an, der Transformator brummt, der Schweißer wird nervös, die Elektrode beginnt zu glühen; soweit darf es nicht kommen. Durch einen kräftigen Ruck löst sich aber diese Verbindung oft wieder. Dies natürlich nur, wenn das Werkstück befestigt ist. Es ist jedoch auch möglich, einfach den Elektrodenhalter zu öffnen.

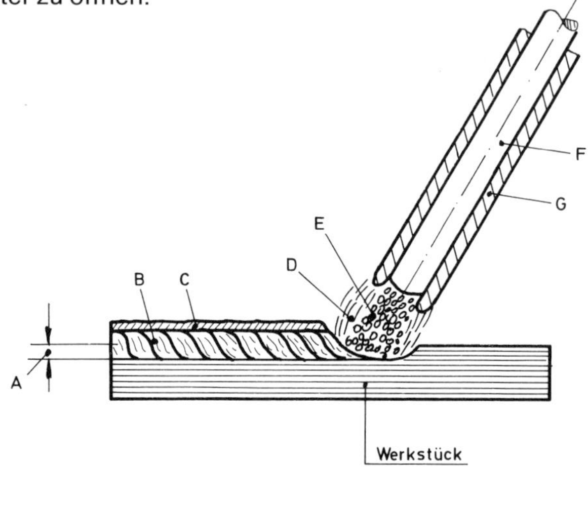

135 Zustand am Schmelzbad.

Falsch ist dagegen, die Schweißmaschine durch Betätigung des Schalters ausschalten zu wollen. Der Schalter ist dann bald defekt. Man muß wissen, daß der Schweißtrafo beim Festkleben der Elektrode unter Kurzschlußstrom steht und äußerst stark belastet ist. Dies kann auch der Fall sein, wenn beispielsweise der Elektrodenhalter auf dem mit der Masseklemme verbundenen Werkstück abgelegt wird.
Zurück zum Lichtbogen, der immer noch brennt.
Der geübte Schweißer zündet den Lichtbogen in unmittelbarer Nähe des Schweißnahtbeginns. Denn kurz nach Zündung beginnen der Grundwerkstoff und die Elektrode zu schmelzen und ineinander überzugehen. Die Schweißung beginnt.
Unter einen Winkel von 60 bis 80° wird die Elektrode von links nach rechts über den Blechspalt gezogen. Die Elektrode soll gleichmäßig und nicht zu schnell geführt werden. Die Geschwindigkeit ist richtig, wenn die Schlacke die Schweißnaht ganz überdeckt und beim Schweißen der Elektrode folgen kann.
Zunächst wird die Elektrode geradlinig ohne Pendelbewegung geführt. Erst wenn diese Technik beherrscht wird, kann zu anderen Nähten und Pendelbewegungen übergegangen werden. Am Ende der Schweißnaht wird die Elektrode über die Schweißnaht nach rückwärts hochgezogen und somit der Lichtbogen unterbrochen. Wenn die ersten Schweißnähte auch noch unsauber und abgerissen aussehen, so ist das bei einem Anfänger auch nicht anders zu erwarten. Erst Übung macht den Meister.
Die Abbildung 138 zeigt den Aufbau von V-Nähten in bezug auf die gezogenen Raupen.

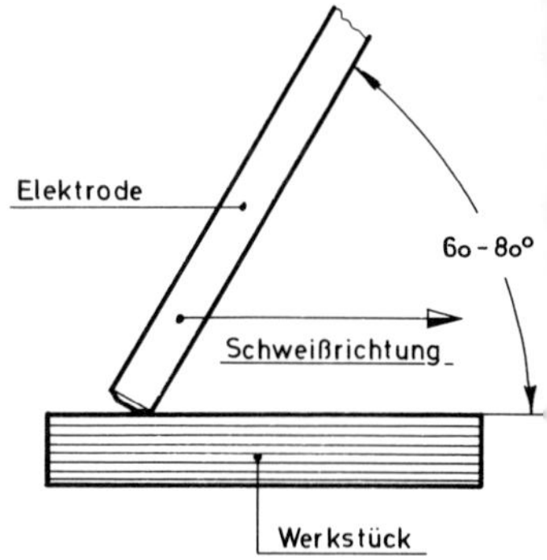

136 Haltung der Elektrode in bezug auf das Werkstück.

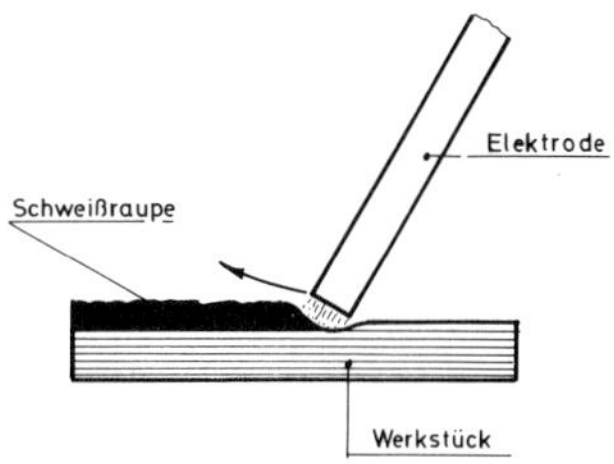

137 Unterbrechung des Lichtbogens. Elektrode in Pfeilrichtung über die Schweißraupe ziehen.

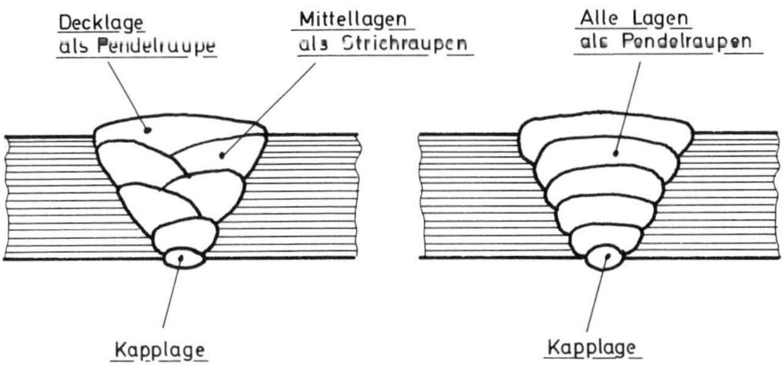

138 Verschiedenartige Verfahren zum Aufbau von Schweißnähten.

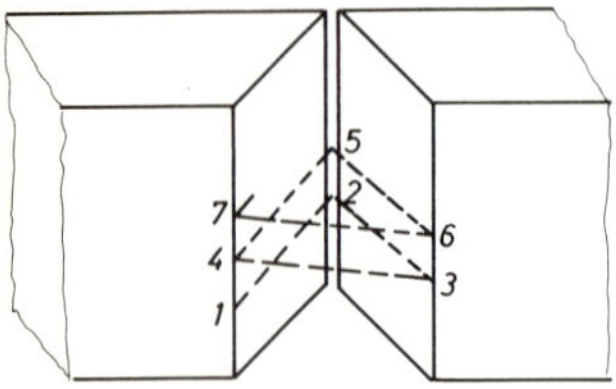

139 Das Schweißen an senkrechter Wand in einer Dreiecksbewegung gemäß den punktierten Linien.

Schweißnähte werden, insbesondere bei dicken Materialien, zumeist aus mehreren Raupen aufgebaut. Raupen, die in gerader, strichförmiger Bewegung – Strichraupen – oder in pendelnder Bewegung – Pendelraupen – geschweißt werden. In der Regel besteht eine aufgebaute Schweißnaht aus Strich- und Pendelraupen. Strichraupen in der Wurzel, Pendelraupen als Decklage.
Bei Schweißnähten in senkrechter Lage ist die Führung der Elektrode in einer Dreiecksbewegung nötig, um alle Teile der Naht (Wurzel und Flanken) ordnungsgemäß aufzuschmelzen und mit Zusatzwerkstoff zu versorgen.
Die Überkopfschweißung erfordert, daß die Elektrode fast in die Naht hineingedrückt wird, um den Materialübergang zu gewährleisten. Bei zu großem Abstand geht der Materialtropfen nicht in die Naht, sondern rutscht an der Elektrode herunter. Überkopfnähte werden zumeist mit Strichraupen aufgebaut, wobei eine ganz leichte Pendel- oder Kreisbewegung von Vorteil ist.

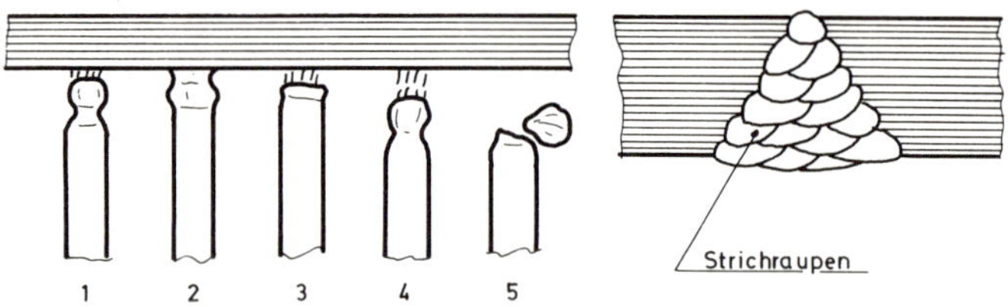

140 Links: Beim Überkopfschweißen: 1 = Lichtbogen zünden, 2 = Tropfen ablagern (Kurzschluß), 3 = Lichtbogen wieder zünden, 4 = Elektrodenabstand zu groß, 5 = Tropfen fällt ab, Lichtbogen erlischt. Rechts: Aufbau einer Überkopfnaht.

Verbliebe im Prinzip noch die Schweißnaht an der senkrechten Wand, die im Strichraupensystem aufgebaut wird.

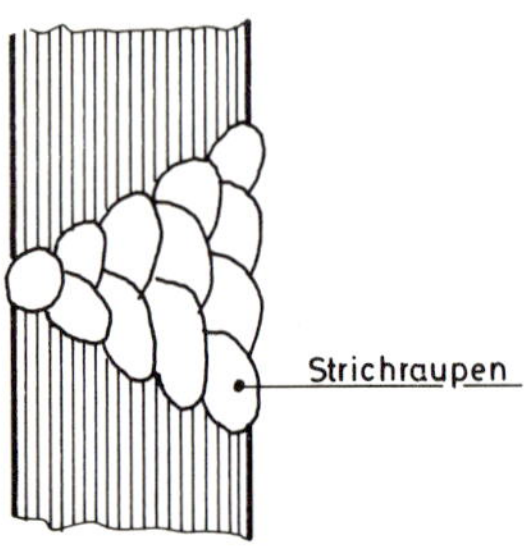

141 Aufbau einer Horizontalnaht im Strichraupensystem.

Elektrodenhaltung und Blaswirkung

Die Schweißhaltung der Elektrode ist von vielen Faktoren abhängig. Bei den ersten Übungen ist die Haltung immer wieder zu korrigieren und zu überprüfen.
Die in der Fachliteratur oft angesprochene Blaswirkung tritt beim Schweißen mit Wechselstrom praktisch nicht in Erscheinung.

Was ist Blaswirkung? Um alle Materialien, in denen ein Strom fließt, bilden sich Magnetfelder. Diese Magnetfelder üben auf andere, benachbarte Stoffe Kräfte aus. Starke Magnetfelder ziehen sogar Stahlspäne an. Zumeist sind die Massen jedoch so groß, daß die Wirkung der magnetischen Felder unbemerkt bleibt. Nur der Lichtbogen, der ja beweglich ist, und um den sich, weil in ihm ein Strom fließt, auch ein Magnetfeld bildet, gerät in Bewegung, unter Umständen sogar außer Kontrolle des Schweißers, was in der Regel schlechte Schweißergebnisse zur Folge hat. Zumeist sind es große Stahlmassen, der Stromanschluß oder die Kanten des Werkstücks, die den Lichtbogen ablenken.
Durch Korrektur der Elektrodenhaltung, Veränderung der Stahlmassen oder Verlegen des Stromanschlusses ist eine Beeinflussung der Blaswirkung möglich.

Die Schlacke

Es wurde schon ausführlich dargelegt, daß die Schlacke in der Hauptsache zum Schutz der Schweißnaht da ist. Die Schlacke wird erst entfernt, wenn die Naht erkaltet ist und der Sauerstoff beziehungsweise der Stickstoff der Luft keinen Schaden mehr anrichten können. Zum Entfernen wird der Schlackenhammer benutzt und eine Brille mit klaren Gläsern aufgesetzt. Anschließend ist die Naht mit der Drahtbürste zu bearbeiten.
Ist eine Schweißnaht während der Schweißung zu unterbrechen, zum Beispiel durch das Einspannen einer neuen Elektrode bedingt, so wird zunächst nur das Ende der Naht von der Schlacke befreit.
Besondere Sorgfalt ist beim Aufbau von Schweißnähten anzuraten. Vor dem Legen einer neuen Raupe ist die Schlacke der vorhergehenden restlos zu entfernen. Andernfalls stellen sich Nahtfehler ein.

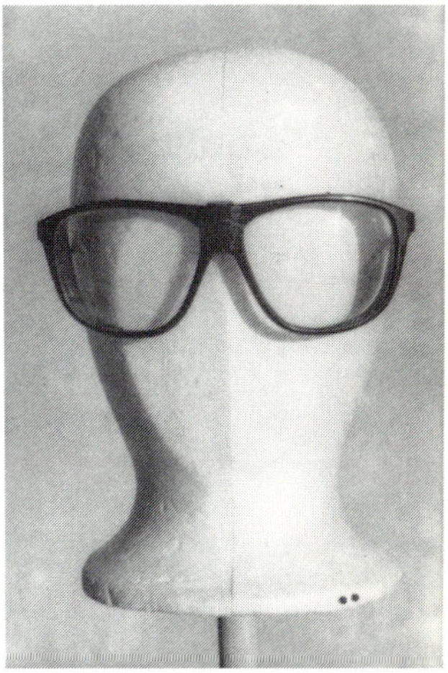

142 Beim Entfernen der Schlacken sollen die Augen durch eine Brille geschützt werden.

Grauguß-Schweißen

Eine Besonderheit ist das Grauguß-Schweißen, besser in dem Zusammenhang dieses Buches, das Grauguß-Kalt-Schweißen. Grauguß wird ausnahmslos immer nur in Reparaturfällen zu schweißen sein. Bei ordnungsgemäßer Ausführung werden gute Ergebnisse erzielt.

Im Gegensatz zum Kalt-Schweißen werden beim Grauguß-Warm-Schweißen die Gußstücke in einem Wärmeofen oder einer Grube auf eine Temperatur von etwa 630° C (900 K) gebracht und möglichst während des Schweißvorgangs gehalten. Diese Möglichkeit der Vorwärmung ist nur bei Vorhandensein entsprechender Einrichtungen möglich und nur bei dauernden Arbeiten rentabel.

Das Schweißen erfolgt mit Spezial-Elektroden, die von den einzelnen Herstellern angeboten werden. Für den Kreis der Heimwerker sind sie in der Regel nur in Fachgeschäften zu bekommen.

Die Schweißnaht ist gründlich vorzubereiten: Im Normalfall reicht eine V-Naht. Sind beide Seiten des Werkstücks gut zugänglich, ist eine X-Naht vorteilhafter, da sich die Spannungen besser verteilen. Das Vorbereiten der Naht erfolgt bei sauberen Gußstücken mit der Trennscheibe oder dem Meißel. Bei verölten Werkstücken ist eine Nahtbearbeitung mit der Ausnut-Elektrode besser, da dann die Ölreste verbrennen beziehungsweise verdampfen. Grauguß hat ein grobes Gefüge, das sich mit Ölen, Fetten und ähnlichem vollsaugen kann, ohne im Endeffekt (Behälter) undicht zu sein. Bei stark vollgesaugten Gußstücken ist jedes Schweißen umsonst.

Materialrisse sind vor der Bearbeitung am Anfang und am Ende durch Bohrungen zu begrenzen, damit sie nicht weiterlaufen, was während des Schweißens sonst leicht erfolgt. Die Naht ist in kleinen Schritten, in der Mitte beginnend, zu legen. 10 bis 15 mm sind die Regel. Zwischendurch muß der eingebrachte Zusatzwerkstoff gehämmert werden. Die Schweißung darf erst fortgesetzt werden, wenn das Werkstück etwa auf Handwärme (60° C/330 K) abgekühlt ist.

Eile, Unruhe und Nervosität lassen eine Graugußnaht mit Sicherheit scheitern.

Fehler an Löt- und Schweißverbindungen

An Löt- und Schweißverbindungen können Fehler auftreten, die die Verbindung unter Belastung brechen lassen. Die meisten Fehler sind beim Schweißer und nicht beim Werkstoff, beim Gerät oder bei den Löt- beziehungsweise Schweißmitteln zu suchen. Sicherlich ist der Anspruch an eine Löt- oder Schweißverbindung in der Industrie größer, der Heim- und Handwerker ist seiner Arbeit jedoch auch verpflichtet. Die Industrie prüft die hergestellten Verbindungen teilweise mit Röntgenstrahlen oder Ultraschall. Besondere Schnitte, die geschliffen oder geätzt werden, lassen Fehler erkennen.
Beim Löten sind Fehler hauptsächlich wegen unzureichender Reinigung der Lötstelle möglich. Schlechtes Aussehen durch Lot- und Flußmittelreste ist bei gewissenhafter Ausführung jedoch auszuschalten.
Bei Schweißnähten treten in der Hauptsache Fehler auf, wie sie in der Abbildung 143 dargestellt sind. Eine Schweißprobe an einem Flachstahl mit anschließender Biegeprobe lassen die Festigkeit in augenscheinlicher Weise zutagetreten. Die Biegeprobe wird wie in der Abbildung 144 durchgeführt. Die Nahtwurzel liegt oben – in der Zugzone –, da in der Wurzel die meisten Schweißfehler gemacht werden. Die Probe muß sich, ohne zu brechen, biegen lassen. Soll die Schweißnaht brechen, um das Innere begutachten zu können, ist in die Nahtwurzel eine Kerbe zu schlagen oder zu sägen.
Auch durch Spannungen, die in der Naht oder im Werkstück auftreten, können Fehler entstehen oder der Gebrauch eingeschränkt werden. Beim Löten sind die Spannungen in der Regel nicht vorhanden oder so gering, daß sie nicht in Erscheinung treten. Beim Schweißen können jedoch durch Spannungen Brüche oder Risse entstehen, auch kann sich das Werkstück derart verziehen, daß es unbrauchbar wird.
Die Spannungen werden durch Quer- und Längsschrump-

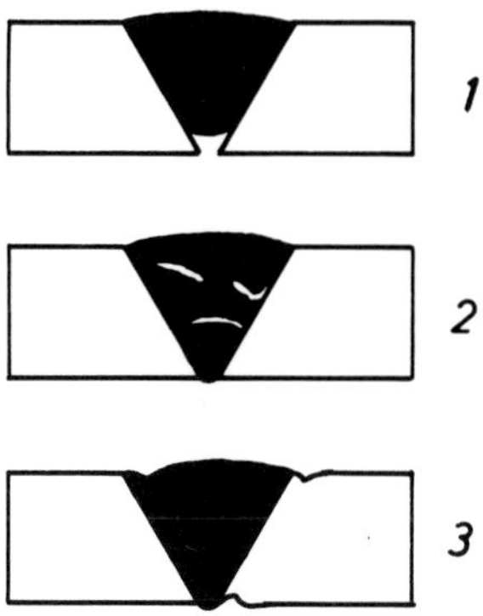

143 Schweißnahtfehler: 1 = Wurzel nicht durchgeschweißt (Kapplage anbringen), 2 = Schlackeneinschlüsse, 3 = Einbrandkerben.

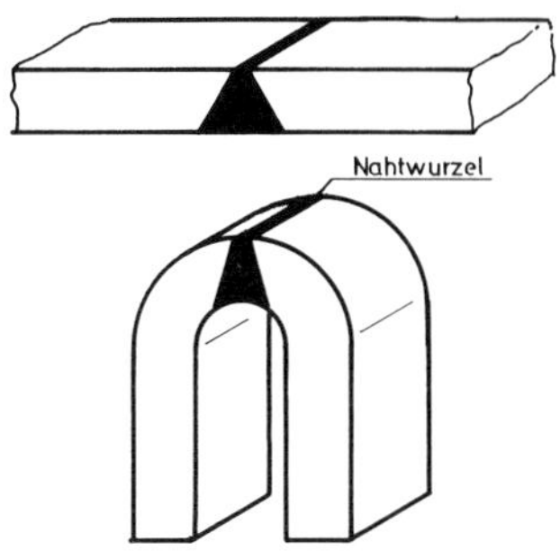

144 Prüfung einer V-Naht.

fungen der Naht und der erwärmten Werkstückteile hervorgerufen.
Durch schrittweises Schweißen in wechselnder Reihenfolge, dem sogenannten Pilgerschritt, können die Schrumpfungen vermindert werden.
Auch Vorgaben in Form von Anwinkelungen lassen das Werkstück nach dem Erkalten der Naht die gewünschte Form einnehmen. Es gehört aber einige Erfahrung dazu, um vorher festzulegen, welchen Schrumpfungen die Naht unterliegt.

145 Der sogenannte Pilgerschritt vermindert Spannungen. Die Schweißschritte werden entsprechend den eingetragenen Zahlen vorgenommen.

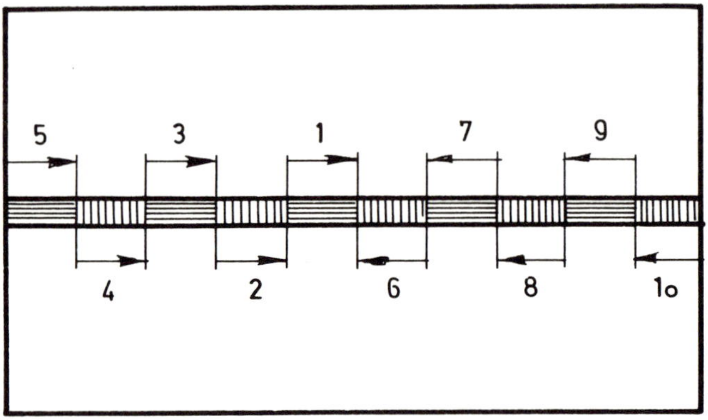

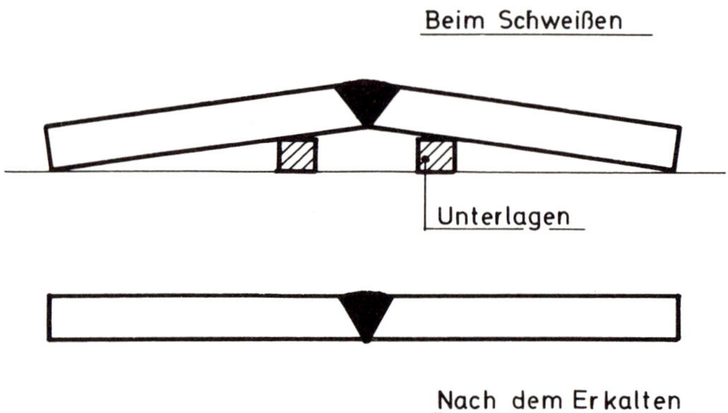

146 Auffangen der Schrumpfungen durch eine negative Vorgabe des Werkstücks.

Pflege und Wartung der Geräte

So selbstverständlich wie die Inspektion, TÜV-Überprüfung und die Pflege von Kraftwagen ist, so selbstverständlich sollte auch die Wartung der Werkzeuge und Maschinen der Heimwerkstatt sein. Ganz allgemein bezieht sich dies auf alle Geräte, nicht nur auf Lötkolben und Schweißmaschinen.
Die Reinigung nach beendeter Arbeit oder nach einem längeren Stillstand ist eine besondere Forderung, der sich niemand entziehen sollte. Abgelagerter Staub und Schmutzteile können zu Bränden führen. In regelmäßigen Abständen sind – und dies auch unter der Haube oder Abdeckung – alle Verbindungen und Schrauben auf festen Sitz zu prüfen und gegebenenfalls wieder zu befestigen oder befestigen zu lassen. Dazu gehören auch die Elektrokabel, die immer in einem einwandfreien Zustand sein müssen. Unzureichende Verbindungen erwärmen sich und vermindern die Leistung der Geräte.
Drehende Teile von Maschinen sind nach Gebrauchsanweisung zu schmieren, Kollektor-Kohlen zu erneuern. Funkenbildungen unter Belastung dürfen nicht auftreten.
Alle Maschinen sind stets an staubfreien Orten aufzustellen. Schweißmaschinen erzeugen magnetische Felder und ziehen Metallspäne an, die zu Betriebsstörungen führen können. Also auch den Aufstellort von Metallspänen frei halten.
Die Spannkraft des Elektrodenhalters hat sogar Einfluß auf die Güte der Schweißnaht. Denn bei einem lockeren Halter kann sich die Elektrode beim Schweißvorgang hin- und herbewegen.

Unfallverhütung

Im Mittelpunkt des handwerklichen Schaffens steht der Mensch, auch wenn die Werkstatt großartig und gut ausgestattet ist. Handwerken und heimwerken ist Freizeitgestaltung, Instandhaltung und Pflege des Eigentums, Weiterbildung, helfende Hand des Mitmenschen und künstlerische Betätigung in einem. Es muß deshalb so weitgehend als nur irgend möglich ausgeschlossen werden, daß man sich in der Werkstatt verletzen kann, oder daß andere Menschen oder deren Hab und Gut durch Unfälle in Mitleidenschaft gezogen werden.
Unabhängig vom Zustand des Werkzeugs, der Maschinen und der Werkstatt ist das menschliche Verhalten in erster Linie ausschlaggebend. »Vorsicht ist nicht Feigheit, Leichtsinn kein Mut!« Allein schon durch das Beherzigen dieses Satzes lassen sich viele Unfälle vermeiden.

Sicheres Arbeiten mit Werkzeugen und Maschinen

Unfälle beim Umgang mit Handwerkszeugen lassen sich durch Beachten der folgenden Grundregeln verhüten:

1 Nur Werkzeuge aus einem Werkstoff von guter Beschaffenheit verwenden.
2 Werkzeuge mit Griff wählen, die gut in der Hand liegen.
3 Nicht an spannungsführenden Teilen arbeiten, Geräte vorher abschalten, Netzstecker ziehen oder Sicherung entfernen. Für Elektroarbeiten konzessionierten Fachmann hinzuziehen.
4 Werkzeuge ständig überprüfen und erforderlichenfalls sofort instand setzen.
5 Werkzeuge sauber halten.
6 Werkzeuge nur ihrem Verwendungszweck entsprechend benutzen.

7 Werkzeuge richtig handhaben.
8 Werkzeuge geordnet aufbewahren.
9 Werkzeuge nicht auf Leitern oder dergleichen ablegen.
10 Lote und Flußmittel sind teilweise giftig, demnach gut verschlossen aufzubewahren.
11 Blei ist giftig.
12 Acetylenschläuche nicht mit Kupferrohr flicken oder verlängern, denn Grünspan kann Acetylen entzünden.
13 Sauerstoffflaschen und -druckminderer frei von Öl und Fett halten (Explosionsgefahr).
14 Gasflaschen nie höheren Temperaturen aussetzen.
15 Flaschen nicht werfen.
16 Acetylenflaschen nicht liegend verwenden.
17 Flaschen vor Umfallen schützen.
18 Beim Gasschweißen und Hartlöten dunkle Schutzbrille tragen.
19 Flaschenventile langsam öffnen.
20 Elektroden trocken lagern.
21 Schweißplatz sauber und trocken halten.
22 Stecker nur bei ausgeschalteten Geräten in die Steckdose stecken beziehungsweise ziehen.
23 Augen und Haut beim Elektroschweißen mit Schutzschirm und Schweißerbekleidung vor den Strahlen schützen.
24 Bei Transport von Geräten diese stromlos machen.
25 Beim Wechseln der Schweißkabel Gerät abschalten.
26 Nicht mit defekten Kabeln schweißen.
27 Arbeitsstelle beim Elektroschweißen abschirmen.
28 Vorsicht beim Entfernen der Schlacke.
29 Warme oder heiße Arbeitsgeräte vor dem Einpacken erkalten lassen.
30 Beim Schweißen brennbare Materialien aus der Umgebung entfernen.
31 Beim Elektroschweißen in Behältern und dergleichen nur zugelassene Geräte verwenden, Leerlaufspannung!
32 Beim Schleifen und Schlackenentfernen Augen mit Klarsichtbrille schützen.
33 Immer für ausreichende Frischluft sorgen.

Alle Werkzeuge sind in der Heimwerkstatt wichtige Hilfsmittel. Schlechte Qualität sowie mangelnde und unzweckmäßige Gestaltung sind oft die Ursache von Unfällen. Auch billige Geräte sind nicht immer preiswert, denn von der Unfallgefahr ganz abgesehen, werden sie in kürzester Zeit verbraucht und abgearbeitet sein.
Grundsätzlich dürfen in der Bundesrepublik Deutschland nur Geräte und Arbeitsmittel hergestellt und vertrieben werden, die den allgemein anerkannten Regeln der Technik und den Arbeitsschutz- und Unfallverhütungsvorschriften entsprechen. Diese Forderung wird vom Gesetzgeber durch das sogenannte Maschinenschutzgesetz erhoben. Da viele Unfälle, oft mit tödlichem Ausgang, durch elektrischen Strom verursacht werden, sei nochmals eindringlich auf diese Gefahren hingewiesen. Nur einwandfreie Geräte, Kabel und Hausinstallationen bewahren vor bösen Folgen!

Nachwort

Abschließend sei allen am Löten und Schweißen Interessierten nochmals gesagt, daß vor dem Meisterstück in jeder der hier behandelten »Klassen« eine gewisse Lehrzeit steht. Eine Lehrzeit, die gelegentlich auch mit Nackenschlägen und Unzufriedenheit über das Ergebnis angefüllt sein kann.
Fassen Sie den Inhalt des Buches bitte so auf, wie er verstanden sein möchte: Erfahrung und handwerkliche Fähigkeit können nicht vermittelt werden, die muß sich jeder selbst aneignen und erforderlichenfalls auch erkämpfen. Aber packen Sie es an, es lohnt sich!

Stichwortregister

Bildnachweis

Titelbild: Rothenberger GmbH & Co. / W & K Presseagentur, 6000 Frankfurt
Bessey & Sohn, 7120 Bietigheim, Abb. 131, 133
Camping Gaz GmbH, 6000 Frankfurt, Abb.: 44
Dalex-Werke, 5248 Wissen, Abb.: 100, 101, 103, 104, 107 bis 109, 115 bis 119
Engel GmbH, 6200 Wiesbaden, Abb.: 16 bis 20
*Fischer AG,*Georg, 7700 Singen, Abb.: 25
Hornung KG, Ferdinand, 6230 Frankfurt-Höchst, Abb.: 74, 81, 83
Kestra-Schweißtechnik GmbH & Co. KG, 4040 Neuss, Abb.: 54, 122
Kirsch GmbH, 5500 Trier, Abb.: 98, 99, 102, 106
Kjellberg-Esab GmbH, 5650 Solingen, Abb.: 123
J. Lorch Ges. & Co. KG, 7035 Waldenbuch, Abb.: 11, 12, 21 bis 23, 39, 47, 48, 64, 71 bis 73, 75, 78, 82
Messer Griesheim GmbH, 6000 Frankfurt, Abb.: 55, 59 bis 61, 76, 79, 80, 84, 85, 89 bis 97, 112, 114
Neumann & Billig, 8950 Kaufbeuren-Neugablonz, Abb.: 86, 125
Perkeo-Werk GmbH, 7140 Ludwigsburg, Abb.: 13, 15, 46, 66
Ronson GmbH, 5000 Köln, Abb.: 10
Rothenberger GmbH & Co., 6000 Frankfurt, Abb.: 6, 24, 49 bis 53, 65, 67, 113
Schmidt, Kranz & Co. GmbH, 5602 Langenberg, Abb.: 126, 127
soyer-Bolzenschweißtechnik, 8034 Unterpfaffenhofen, Abb.: 111
Stannol-Lötmittelfabrik, 5600 Wuppertal, Abb.: 2, 7, 26 bis 32, 34 bis 36, 43, 45
Volkswagen AG, 3180 Wolfsburg, Abb.: 1

Alle anderen Abbildungen: Karla und H. J. Schiffer

Informationsquelle: Degussa, 6450 Hanau